HÄUSER
AWARD

Bettina Hintze

HÄUSER. DIE BESTEN UMBAUTEN

Die Sieger des HÄUSER-Awards

PRESTEL
München • London • New York

INHALT

Ausgewählte Projekte

LIEBE LESERINNEN UND LESER,

es gibt viele Zahlen, die dafürsprechen, den Bestand besser zu nutzen. Jene zum Beispiel, die aufzeigen, wie viel Wohnraum wir allein durch Umwandlungen und Aufstockungen schaffen könnten. Andere, die zeigen, wie viel CO_2-Emissionen, Baumaterialien und Kosten wir dadurch sparen könnten. Solche Zahlen sind wichtig, weil sie belegen, dass hier ein großer Schatz liegt und die Politik gut daran täte, die Rahmenbedingungen für Umbauten so zu verbessern, dass es für möglichst viele Menschen attraktiv und lohnend ist, diesen Schatz zu heben. Was sich aber mit Zahlen nicht beschreiben lässt, ist ein anderer Aspekt, der diesen Schatz für uns noch wertvoller macht. Er ist eher psychologischer Natur und findet deswegen in den Diskussionen zur Relevanz einer Umbaukultur seltener Platz. Wir meinen die beglückende Erfahrung, die darin liegt, etwas Vorhandenes den eigenen Bedürfnissen anzupassen. Sie ist vergleichbar mit der Befriedigung, die man empfindet, wenn man eine liebgewonnene, aber fehlerhafte Habseligkeit wieder funktionstüchtig macht. Oder wenn man beim Schneider ein Kleidungsstück entgegennimmt, dem dieser durch wenige Eingriffe zur perfekten Passform verholfen hat. Der Psychologe, Schriftsteller und Psychoanalytiker Wolfgang Schmidbauer hat über das Reparieren ein Buch geschrieben (Die Kunst der Reparatur, München 2020), und darin aufgezeigt, welch großer Wert in dieser Tätigkeit steckt. »Es geht um die Verbindungen zwischen den Dingen und den Menschen, um die Energie, die wir sparen können, wenn wir das Vorhandene pflegen (…)«, schreibt er. Auch, wenn wir gar nicht selbst Hand anlegen (nach Schmidbauer ein wichtiger Teil des Prozesses), wirken doch auch bei der Planung eines gelungenen Umbaus entscheidende Elemente der Reparatur mit. Da ist zum einen der Respekt vor dem, was bereits existiert. Im Falle eines Hauses: vor den eingesetzten Materialien, vor seiner Gestaltung, vor seinen Beziehungen zu seinen Nachbarn oder zur Landschaft. Zweitens die Bereitschaft, sich dafür zu interessieren, Stärken und Schwächen zu erkunden und darauf aufbauend eine Idee von seiner Zukunft zu entwickeln. Und drittens ist die Flexibilität bei den eigenen Ansprüchen entscheidend, sie an bestehende Möglichkeiten anzupassen und daraus neu zu entwickeln, statt einem Bau eine vorgeformte Idee überzustülpen – nach der Was-nicht-passt-wird-passend-gemacht-Methode.

Als wir den HÄUSER-Award »Neue Perspektiven« ausschrieben, suchten wir nach Projekten, bei denen sich Architektinnen und Architekten gemeinsam mit Bauherrschaften einem solchen Prozess gestellt haben. Die Beispiele, die wir fanden, sind wie ein Kaleidoskop des Reichtums an Lebensqualität, der mithilfe der klugen Nutzung des Bestandes entstehen kann. Und sie belegen sehr eindrücklich wie lohnend eine Haltung ist, die sich durch Kreativität, Einfühlsamkeit, Respekt und Wertschätzung auszeichnet.

Das spürten wir übrigens auch während der Arbeit an diesem Award zusammen mit unseren großartigen Partnern immer wieder. Den Tag der Jurysitzung in unserem Hamburger Medienhaus erlebten wir auch diesmal als unglaublich bereichernd, inspirierend und lehrreich. Unser großer Dank gilt unserer Jury mit Susanne Wartzeck (Präsidentin Bund Deutscher Architektinnen und Architekten), Reiner Nagel (Vorstandsvorsitzender Bundesstiftung Baukultur), Thomas Penningh (Präsident Verband Privater Bauherren) und Tina Kortmann (Architektin, UN Studio). Ebenso den Partnern des HÄUSER-Awards, den Firmen Parkett Dietrich und JUNG, die schon seit vielen Jahren den Wettbewerb großzügig unterstützen. Alle Beteiligten an diesem Projekt, auch unsere Kolleginnen beim Prestel Verlag, machten die Auswahl der besten Projekte zu einer Erfahrung, die der oben beschriebenen nicht unähnlich ist: Zu Beginn stand die Neugier, die präzise Analyse, es folgte die Diskussion um Stärken und Schwächen, der Austausch von Argumenten, manchmal auch Flexibilität im Urteil. Vor allem aber Wertschätzung, Begeisterungsfähigkeit und eine klare Vorstellung der Prämissen, die uns leiten. Deswegen danken wir den schatzsuchenden Architektinnen und Architekten, die zusammen mit mutigen Bauherrschaften so fantastische Objekte freigelegt haben. Wir hoffen, sie sind Ihnen, liebe Leserinnen und Leser, Inspiration und Motivation, sich selbst auf die Reise zu begeben.

Viel Freude mit diesem Buch,
Anne Zuber, Chefredakteurin HÄUSER

Rechts oben Die Jury: Thomas Penningh (VPB), Susanne Wartzeck (BDA), Tina Kortmann (UN Studio), Anne Zuber (HÄUSER), Reiner Nagel (Bundesstiftung Baukultur).

Rechts Mitte Der Prozess: Stehen und schauen, analysieren und diskutieren.

Rechts unten Das Team: Bettina Hintze (Autorin), Sabine Schmid (Prestel), Tina Kortmann, Thomas Niederste-Werbeck (HÄUSER), Uwe Bresan (JUNG), Susanne Wartzeck, Anne Zuber, Thomas Penningh, Alexandra Dietrich (Parkett Dietrich), Ansgar Steinhausen (HÄUSER), Reiner Nagel.

Der HÄUSER-Award

Seit 2004 zeichnet das Architektur- und Designmagazin HÄUSER die besten Einfamilienhäuser aus. Hunderte Architekten aus ganz Europa haben sich in den vergangenen Jahren am Wettbewerb um den begehrten HÄUSER-Award beteiligt. Inzwischen gilt er als der bedeutendste jährlich verliehene Architekturpreis seines Genres. Die Auszeichnung wird in Kooperation mit dem Bund Deutscher Architektinnen und Architekten (BDA) und dem Verband Privater Bauherren e. V. (VPB) vergeben und von den Firmen JUNG, Parkett Dietrich sowie dem Prestel Verlag als Medienpartner unterstützt.

HÄUSER
AWARD
2026

HÄUSER MIT VERGANGENHEIT HABEN ZUKUNFT

Bettina Hintze

Es muss nicht immer etwas Neues sein, im Gegenteil: Die Zukunft des Bauens liegt im Bestand. Schon jetzt gehören der Erhalt, das Anpassen, Ergänzen und Weiterentwickeln von alten Gebäuden zu den wichtigsten Aufgaben für Architektinnen und Architekten. Weit über zwei Drittel aller Bauleistungen entfallen hierzulande inzwischen auf Sanierung und Umbau – und die Tendenz ist steigend. Nicht nur, weil viele Häuser aus den Nachkriegsjahrzehnten renoviert werden müssen, sondern vor allem auch, weil sich unser Bewusstsein grundlegend verändert hat. Klimawandel, Energiekrisen und knapper werdende Ressourcen haben auch beim Planen und Bauen zu einem Paradigmenwechsel geführt.

Lange Zeit galt ein Umbau im Vergleich zum Neubau nur als zweitbeste Lösung. Meist mit dem Argument, es rechne sich nicht, sei technisch zu aufwendig oder mit unkalkulierbaren Risiken verbunden. Wurden Bestandsimmobilien daraufhin leichtfertig abgerissen, um vermeintlich nachhaltiger oder energieeffizienter neu zu bauen, wird heute der gesamte Lebenszyklus eines Gebäudes betrachtet – von dessen Errichtung und Betrieb bis hin zu Abbruch und Entsorgung, samt aller klimaschädlichen Emissionen, die dabei entstehen. Dementsprechend fällt die Umweltbilanz unterm Strich etwas anders aus: Denn der Bausektor ist nicht nur einer der ressourcen- und materialintensivsten Wirtschaftszweige und für einen Großteil des weltweiten CO_2-Austoßes verantwortlich, sondern produziert auch enorme Mengen an Abfall. Weit über die Hälfte des gesamten Müllaufkommens in Deutschland erzeugt allein die Baubranche, wobei oft gut erhaltene Materialien oder wiederverwendbare Elemente entsorgt werden. Vor allem aber geht bei einem Abriss die so genannte graue Energie endgültig verloren, also die für Herstellung, Transport, Lagerung, Verkauf und Einbau von Materialien eingesetzte Energiemenge. Sie steckt in jedem Produkt und damit auch in jedem Gebäude – von der betonierten Bodenplatte bis hin zum gebrannten Dachziegel –, was bei einer umweltgerechten Kalkulation ebenfalls mitberücksichtigt werden muss.

Besser Bauen im Bestand

Es sind aber nicht nur ökologische und ökonomische Aspekte, die für den Erhalt unseres Gebäudebestands sprechen. Mit dem von der Bundesstiftung Baukultur eingeführten Begriff der goldenen Energie geht die Betrachtung noch weit darüber hinaus und bezieht auch die kulturellen, sozialen, emotionalen und gestalterischen Werte einer Bestandsimmobilie mit ein. Denn Häuser mit Vergangenheit, egal aus welcher Epoche sie stammen, haben jedem Neubau eines voraus: Sie bringen eine Geschichte mit, die eng mit ihrer Entstehungszeit, mit technischen und gesellschaftlichen Entwicklungen, aber auch mit ihren früheren Besitzern und Bewohnern verknüpft ist. Damit werden sie unabhängig von ihrem materiellen Wert zu einem wichtigen Teil unseres baukulturellen Erbes. Ob es sich um ein opulentes Gründerzeitgebäude oder eine elegante Jugendstilvilla handelt, ein schlichtes Siedlerhaus aus der Nachkriegsära oder einen modernen Flachdachbungalow aus den Wirtschaftswunderjahren: Sie alle haben ihre besonderen Merkmale, ihre Qualitäten und Potenziale. Diese gilt es zu entdecken, herauszuarbeiten und an heutige Wohnbedürfnisse oder neue Nutzungen anzupassen. Zudem können auf diese Weise auch wertvolle gewachsene Strukturen erhalten bleiben. Das betrifft insbesondere ortsbildprägende historische Zweckgebäude, die oft leer stehen und vom Verfall bedroht sind, wenn sich für sie keine Folgenutzung findet.

Berücksichtigt man all diese Gesichtspunkte, schneidet ein Umbau, selbst wenn er sehr aufwendig gerät, in vielen Fällen besser ab als ein Neubau. Hinzu kommt, dass alte Häuser meist in gewachsener, gut erschlossener Umgebung stehen, sodass weder neues Bauland in Anspruch genommen noch zusätzliche Flächen für Infrastruktur und Verkehr versiegelt werden müssen. Und gerade für private Eigentümerinnen und Eigentümer bietet das Bauen im Bestand je nach Budget die Möglichkeit, schrittweise vorzugehen, um die Kosten über einen längeren Zeitraum zu verteilen oder finanzielle Förderprogramme zu nutzen.

Vorhandene Architektur zu sanieren und weiterzuentwickeln ist aber auch für Planerinnen und Planer eine durchaus reizvolle Aufgabe. Denn Umbauen erfordert immer eine kreative Auseinandersetzung mit dem Bestand und dessen Konstruktion, Gebäudestruktur, Statik oder Materialität: Man muss sich mit dem Vorhandenen arrangieren, Spielräume ausloten, mitunter Kompromisse machen oder sich auf Überraschungen einstellen – und gerade dies führt meist zu ganz besonderen, unverwechselbaren architektonischen Lösungen. Wie wandlungsfähig alte Häuser sein können, zeigen auch die Projekte in diesem Buch. Auf den Vorher-Fotos wirken viele von ihnen wenig attraktiv, manche sind stark heruntergekommen oder durch unsachgemäße Renovierungen verunstaltet. Doch bei allen funktionalen, technischen oder gestalterischen Defiziten: Mit einem gut durchdachten, maßgeschneiderten Konzept lassen sich alte Gebäude enorm aufwerten.

Lust auf Veränderung

Die Beweggründe für einen Umbau können ganz unterschiedlich sein. Oft ist es ein Eigentümer- oder Generationenwechsel, der eine umfassende Veränderung nach sich zieht. Je nach Gebäudealter und -zustand, aber auch nach individuellen Wohnwünschen oder Prioritäten gibt es dabei verschiedene Schwerpunkte. Sei es, dass die Haustechnik überholt ist, Schäden an der Substanz aufgetreten sind oder eine energetische Sanierung ansteht. Aber selbst gut erhaltene und gepflegte Häuser entsprechen meist in Raumorganisation und Ausstattung nicht mehr unseren heutigen Vorstellungen, zumal sich diese in den vergangenen Jahrzehnten stark gewandelt haben. Grundrisse sind immer auch ein Spiegel gesellschaftlicher Entwicklungen und Trends: In der Nachkriegsära mit ihren tradierten Familienbildern hatte das Wohnzimmer eher repräsentative Funktion, während die kabinettartige Küche das einsame Reich der Hausfrau war, die dort hinter verschlossener Tür verschwand. Auch extrem kleine, funktional ausgestattete Bäder waren bis in die späten 1960er-Jahre Standard. Experimentierfreudiger und unkonventioneller wurde die Architektur erst in den 1970er-Jahren, in denen auch das ökologische und solare Bauen seine Anfänge hat.

War das Wohnen früher eher ein Kammerspiel, hat sich die starre Funktionstrennung mittlerweile zugunsten offener Grundrisse mit vielfältig nutzbaren Gemeinschaftsbereichen aufgelöst. Hinzu kommt, dass die Digitalisierung unsere Lebens- und Wohnwelt radikal verändert hat: Die Grenzen zwischen Beruflichem und Privatem werden fließender, mobiles Arbeiten ist heutzutage jederzeit und überall möglich.

Mehr Licht und Luft, mehr Großzügigkeit und Flexibilität lauten daher auch die häufigsten Wünsche nach Veränderung innerhalb eines Hauses. Dabei können schon wenige gezielte Eingriffe beachtliche Wirkungen entfalten und aus schachtelartigen Zimmern helle weite Räume machen: Etwa, wenn Trennwände entfernt, Fensteröffnungen vergrößert oder abgehängte Decken freigelegt werden. Auch in der Vertikalen lässt sich für mehr Luftigkeit sorgen, indem man Teile der Geschossdecken herausnimmt. Das wirkt nicht nur optisch großzügiger, sondern ermöglicht auch direkte Sichtbeziehungen zwischen den Geschossen.

Soll die Wohnfläche erweitert werden, lohnt ein Blick auf vorhandene Raumreserven. Sind die Zimmer ausreichend hoch, können Galerien eingezogen werden. Ein beachtliches Ausbaupotenzial bieten vor allem ungenutzte Speicher oder Abstellräume, die oft noch unentdeckt unter den Dächern zahlreicher Häuser aus der Jahrhundertwende schlummern. Aber auch mit Aufstockungen oder Anbauten lässt sich nachverdichten und zusätzlicher Raum schaffen.

Mit Altem Neues wagen

Wie umfangreich die Maßnahmen auch immer sind: Der Bestand dient dabei stets als Anknüpfungspunkt – und dass dem Alten mittlerweile mehr Wertschätzung entgegengebracht wird, zeigt sich auch an Details. Originale Holzdielen oder Zementfliesen kommen unter maroden Kunststoffbelägen wieder zum Vorschein, charakteristische bauzeittypische Elemente werden liebevoll aufgearbeitet und tragen zum individuellen Wohnambiente bei. Patina oder Schrammen gelten dabei nicht als Makel, sondern werden als sichtbare Spuren der Vergangenheit sogar oft noch betont.

Dank des gestiegenen Umweltbewusstseins achtet man inzwischen auch mehr darauf, Materialien wiederzuverwenden und greift damit auf eine lange Tradition zurück: Schließlich war es in früheren Zeiten, als Baustoffe rar und teuer waren, gang und gäbe, diese effizient einzusetzen und nichts zu verschwenden. Brauchbares wird daher wo möglich vor Zerstörung gerettet, Abbruchmaterialien wie Ziegel, Dachpfannen oder Holzbalken werden nicht achtlos entsorgt, sondern teils vor Ort oder an anderer Stelle wieder eingebaut.

So vielfältig die Möglichkeiten und Herangehensweisen bei einem Umbau sind, so sehr unterscheiden sich auch die nachfolgenden Beispiele aus ganz Europa. Ob behutsame Sanierung oder radikale Transformation, ob Erweiterung, Aufstockung, Dachausbau oder Umnutzung: Alle Projekte zeigen, dass Häusern mit Vergangenheit die Zukunft gehört.

DIE PROJEKTE

Seite 12

Seite 22

Seite 30

Seite 38

Seite 64

Seite 72

Seite 114

Seite 122

Seite 130

Seite 162

Seite 170

Seite 210

Seite 218

Seite 226

Seite 48

Seite 56

Seite 80

Seite 90

Seite 98

Seite 106

Seite 138

Seite 146

Seite 154

Seite 176

Seite 186

Seite 194

Seite 202

Seite 234

Seite 242

Seite 250

1. Preis

NEUE PERSPEKTIVEN

La Grange im Burgund (Frankreich)

LVA Le Dévéhat Vuarnesson Architectes

Vom Grundstück reicht der Blick über sanfte Hügel mit grünen Wiesen, Weiden und Wäldern hinweg bis zum Horizont: Die Landschaft hier ist weit und leer – und ein Kontrastprogramm zur quirligen Millionenmetropole Paris mit ihrer permanenten Reizüberflutung. Auch deswegen zog es den Bauherrn und Produktdesigner Erwan Bouroullec mit seiner Familie hinaus aufs Land und in ein kleines Dorf im Burgund. Dort hatte er einen verlassenen Bauernhof erworben, der in bester Aussichtslage malerisch auf einer Hügelkuppe thront. Und der künftig als zweites Zuhause und ruhiger Rückzugsort zum Wohnen und kreativen Arbeiten dienen sollte. Allerdings waren zunächst aufwendige Sanierungsarbeiten erforderlich, um die jahrhundertealte, baufällige Anlage, zu der neben einem Bauernhaus auch Ställe und Scheunen gehörten, überhaupt nutzen zu können.

Mittlerweile hat sich der marode Gebäudekomplex in ein kleines Ensemble aus Wohnhaus mit Atelierräumen verwandelt, dessen Umbau das mit Bouroullec befreundete Architekturbüro LVA übernahm. In enger Zusammenarbeit mit ihrem Auftraggeber entwickelten Charlotte Vuarnesson und Guillaume Le Dévéhat ihr Konzept. Von Anfang an war klar, dass hier keine spektakuläre oder pseudorustikale Landhausarchitektur entstehen sollte. Ziel war es vielmehr, den schlichten Werkstattcharakter des archaisch einfachen Anwesens zu erhalten, das traditionell Wohnen und Arbeiten unter einem Dach verband. Dabei ging es vor allem darum, vorhandene Strukturen und Materialien freizulegen, »die Qualität und Schönheit ländlicher Architektur hervorzuheben und dem Gebäude neues Leben einzuhauchen, ohne seine Geschichte auszulöschen«, wie das Planerteam erläutert.

Die ursprüngliche Anlage blieb dabei weitgehend bestehen. Nur ein einsturzgefährdetes Nebengebäude, das den Blick nach Süden verstellte, wurde abgerissen. Wohnhaus und Stallanbau haben die Architekten mit gezielten Eingriffen an die geänderten Nutzungen angepasst, wobei sich neu hinzugekommene Elemente deutlich vom Bestand abheben, sodass sich ein spannungsreiches Wechselspiel von Alt und Neu ergibt. Zugleich legten alle Beteiligten viel Wert auf einfache, natürliche und regionale Materialien. Die neuen Trennwände in leichter Holzrahmenbauweise sind mit unbehandelten Douglasienlatten verkleidet, die reizvoll mit den groben Bruchsteinwänden kontrastieren. Historische Bodenbeläge aus Kalkstein treffen auf geschliffenen Estrich, knorrige alte Balken und Stützen stehen formal reduzierten Möbeleinbauten gegenüber.

Kommunikativer Mittelpunkt des Familienlebens ist die Wohnküche im Erdgeschoss, die zwischen den privaten Räumen im Norden und dem Ateliertrakt im Süden vermittelt. Sie ist zum beliebten Treffpunkt mit Freunden und Gästen geworden – ebenso wie die gebäudeintegrierte Loggia im Westen, die als geschützter Freisitz dient. Überhaupt spielt der enge Bezug zwischen Innen- und Außenraum, zwischen Architektur und Natur hier eine zentrale Rolle: Großformatige Festverglasungen und gezielt gesetzte Fenster holen das Tageslicht von allen Seiten herein und rahmen die Ausblicke wie Landschaftsbilder. Zugleich wurden Türen und Fassadenöffnungen so platziert, dass stets auf natürliche Weise für Durchzug gesorgt werden kann. Auch sonst bleibt die Gebäudetechnik hier auf das Notwendige beschränkt: Lediglich der Wohntrakt wird beheizt und ist entsprechend isoliert – im Gegensatz zu den offenen Atelier- und Werkstatträumen im ehemaligen Stall nebenan. Dort musste der marode Dachstuhl durch eine komplett neue Holzkonstruktion ersetzt werden, die nun mit integrierten Oberlichtern für angenehme Helligkeit im Arbeitsbereich sorgt.

Materialien, die beim Abbruch oder Rückbau anfielen, wurden teils an anderer Stelle wieder eingesetzt: Die früheren Dachbalken aus Eichenholz etwa finden sich als Stürze über neuen Fassadenöffnungen oder Durchgängen wieder. Terrakottaplatten wurden zu Fensterbänken verarbeitet, Findlinge aus der Umgebung des Hauses zu Sitzstufen zusammengefügt. Und auch die alte Silagegrube hat eine neue Zweckbestimmung gefunden: Sie hat sich in einen Naturpool verwandelt, sodass man hier sogar beim Baden gute Aussichten hat.

Vorherige Doppelseite Das ehemalige Gehöft hat sich in ein Feriendomizil verwandelt. Große Fenster und Gauben erlauben tiefe Einblicke in das neue Innenleben.

Linke Seite Die Hofanlage war nach langem Leerstand völlig verfallen. Der rustikale Charakter des Gebäudeensembles blieb auch nach dem aufwendigen Umbau erhalten.

Oben Alles unter Dach und Fach: Im früheren Bauernhaus wird heute gewohnt. Im Stallanbau auf der Südseite ist ein Atelier mit Werkstatt untergebracht.

Links Zwischen drinnen und draußen: Die Loggia vor dem Atelier ist witterungsgeschützter Aufenthaltsbereich und kommunikativer Familientreffpunkt zugleich.

Links oben Der Eingangsbereich im Erdgeschoss dient als Aufenthaltsraum, Erschließungszone und Treppenhaus. Der Bodenbelag ist aus alten Kalksteinplatten.

Links unten Bruchsteinmauerwerk und knorrige Holzbalken prägen dem Raumeindruck im Dachgeschoss. Eine breite Gaube rahmt den Ausblick wie ein Landschaftsbild.

Rechts oben Der alte Dachstuhl konnte erhalten bleiben, musste jedoch teilweise verstärkt werden. Geschliffener Estrichboden zieht sich durch alle Räume.

Rechts unten beide Schlicht und einfach: Die neuen Trennwände wurden in leichter Holzrahmenbauweise errichtet und sind mit unbehandelten Douglasienlatten verkleidet.

Oben Viel Platz für Gäste bietet die Küche in der Eingangsebene. Über die deckenhohe Festverglasung auf der Ostseite dringt das Tageslicht tief ins Gebäudeinnere.

Links Die neu hinzugekommenen Elemente heben sich in Formensprache und Materialwahl deutlich vom Bestand ab – wie hier die Küchenmöbel aus lackiertem MDF.

Rechts Im Atelier im früheren Stall musste der marode Dachstuhl durch eine neue Holzkonstruktion ersetzt werden. Oberlichter sorgen für angenehme Helligkeit.

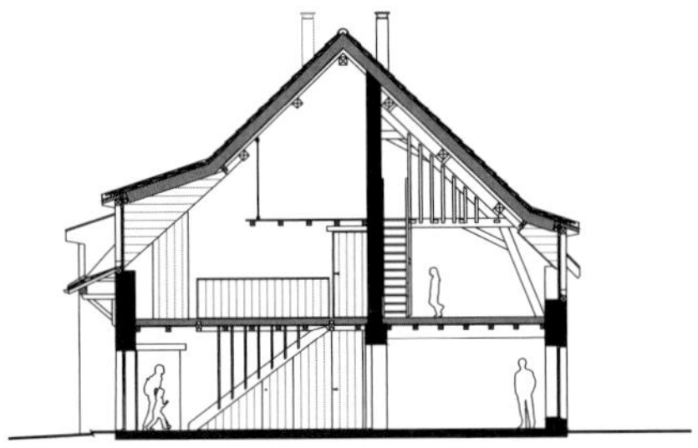

Schnitt

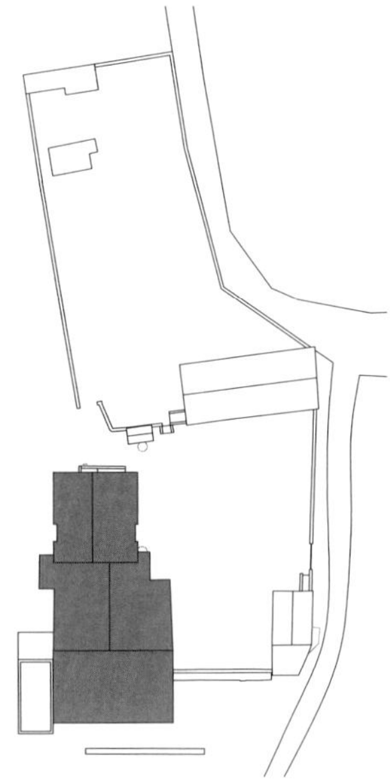

Lageplan

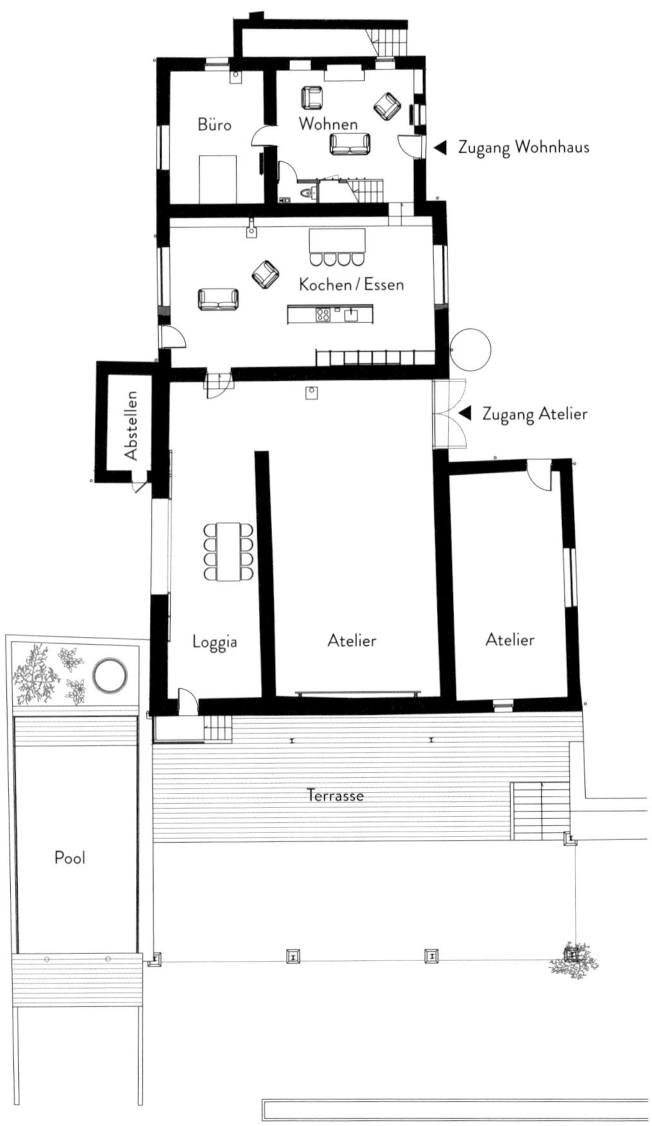

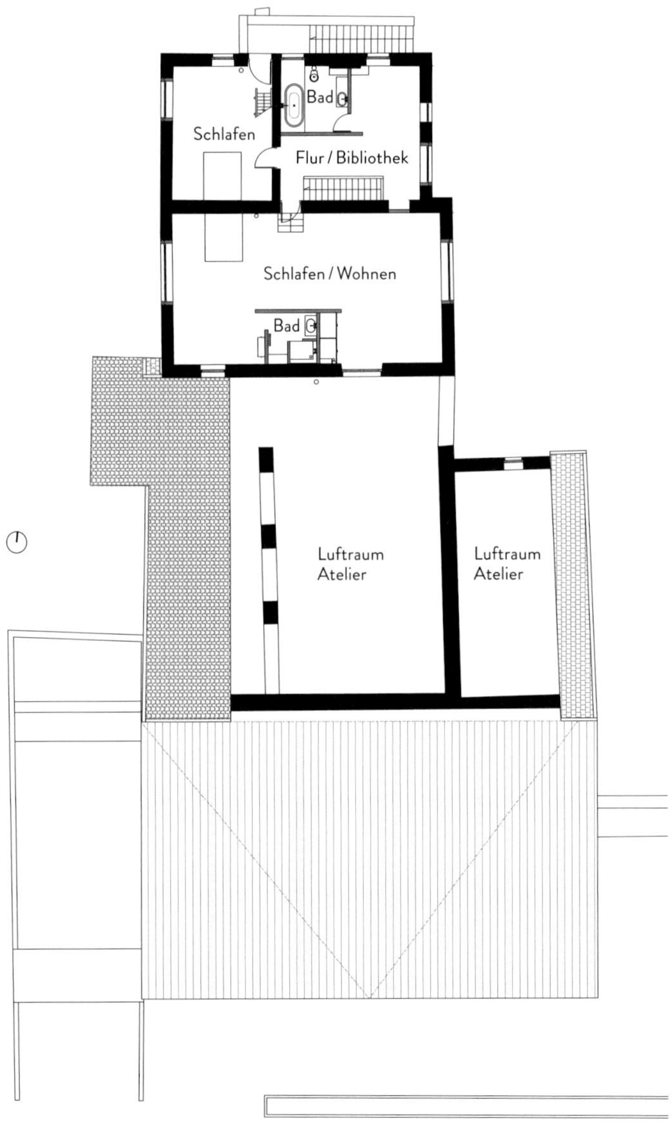

Erdgeschoss

Obergeschoss

Kurzporträt

- Revitalisierung, Sanierung und Umbau eines verfallenen bäuerlichen Anwesens
- Umwandlung zum Wohnhaus mit Atelier und Werkstatt
- Freilegen der historischen Strukturen und Materialien, neue Elemente klar vom Bestand abgesetzt
- Energetische und statische Ertüchtigung, neuer Dachstuhl im Atelier
- Große Fensteröffnungen für weite Blicke in die Landschaft, intensive Verbindung zwischen Innen- und Außenraum
- Wenige einfache, natürliche und regionale Baustoffe, Wiederverwendung von Abbruchmaterial
- Ehemalige Silagegrube in Naturpool umgewandelt

Gebäudedaten

Grundstücksgröße: ca. 20.000 m^2
Wohnfläche: ca. 260 m^2
Atelier/Werkstatt: ca. 200 m^2
Zusätzliche Nutzfläche: 60 m^2 (Schuppen)
Anzahl der Bewohner: 6
Bauweise: massiv, Bruchsteinmauerwerk und Holzkonstruktion (Bestand), Holzrahmenelemente (neue Trennwände)
Fassade: Bruchstein
Energiekonzept: Wärmepumpe, Fußbodenheizung, Holzöfen als Zusatzheizung
Baujahr Bestand: um 1800
Fertigstellung Umbau: 2023

Beurteilung der Jury

Mit dem ersten Preis hat die Jury die Chance ergriffen, nicht nur behutsame Umbauten, sondern auch den Wiederaufbau und die Wiederherstellung alter Bausubstanz auszuzeichnen. Wie gut das geht und wie nachhaltig dies sein kann, zeigt ein ehemaliger Bauernhof im Burgund. Den Architekten ist es hier überzeugend gelungen, die Qualität der Gebäude zu erhalten und Neues hinzuzufügen, ohne den Charakter und die Identität des Bestands zu verändern. Die Geschichte des Ortes bleibt erlebbar, die Verzahnung des Gebäudeensembles mit der Landschaft wird nicht gestört. Im Innern erzeugt der Kontrast der alten Bausubstanz zu den neuen, einfachen Einbauten Räume mit großer ästhetischer Wirkung. Eine auf das wirklich Notwendige reduzierte Haustechnik und ein kluges Lüftungskonzept helfen, diese hohe Qualität zu erhalten. Der Respekt für den Bestand, dessen kluge Transformation und die nachhaltige Umsetzung hat die Jury überzeugt. Sie würdigt insbesondere die Ganzheitlichkeit dieses Projekts.

Thomas Penningh

Charlotte Vuarnesson und Guillaume Le Dévéhat

» Wir wollten die Qualität und Schönheit ländlicher Architektur offenlegen, in ihrer Einfachheit hervorheben und das Vorhandene transformieren, ohne es zu verfälschen. «

2. Preis

EIN GUTER TAUSCH

Haus DT in Gent (Belgien)

AE-architecten

Vorherige Doppelseite Eine bodentiefe Übereckverglasung erweitert den Wohnbereich fließend ins Freie und lenkt den Blick auf den neu gestalteten Garten.

Links Das Einfamilienhaus entstand 1958 auf einem Eckgrundstück. Insgesamt war der solide Backsteinbau zwar gut erhalten, technisch jedoch völlig überholt.

Rechts oben Wohnen statt Parken: In der früheren Garage ist die Essküche untergebracht, die sich mit einem markanten Segmentbogenfenster zur Straße hin öffnet.

Rechts unten Dort, wo sich zuvor das Garagentor befand, liegt jetzt ein zusätzlicher Hauseingang, der vom neuen Carport direkt ins Gebäudeinnere führt.

Hinaus ins Grüne: Die junge Familie aus Gent hatte beschlossen, ihre Wohnung in der City aufzugeben und in ein Eigenheim am südwestlichen Stadtrand zu ziehen. Dort hatte sie in einer locker bebauten, gewachsenen Wohnsiedlung mit schönem altem Baumbestand eine Immobilie aus den späten 1950er-Jahren erworben, die das Büro AE-architecten in ein zeitgemäßes Domizil verwandeln sollte.

Zwar war der schlichte, solide gemauerte Backsteinbau insgesamt gut erhalten, doch sichtlich in die Jahre gekommen und technisch völlig überholt. Vor allem aber entsprach sein Grundriss nicht den Wohnvorstellungen der neuen Besitzer, die hier jedes Gefühl von Großzügigkeit vermissten. Sie wünschten sich daher mehr Licht, Luft und Offenheit – und nicht zuletzt einen engeren Bezug zum Außenraum und dem dicht eingewachsenen Garten.

Welches Potenzial der unscheinbare Bau verbarg, hatte das Architektenteam Jan Baes und Petra Decouttere bei der ersten Bestandsaufnahme rasch festgestellt. Ihr Blick fiel sofort auf die ans Haus grenzende Garage: Mit ihrer privilegierten Lage direkt neben dem Wohnzimmer sowie einer Belichtung von drei Seiten war sie als Abstellraum viel zu schade. Das Auto wurde im Zuge des Umbaus daher nach draußen verbannt, die Garage zu einer großzügigen Essküche umfunktioniert und über einen Wanddurchbruch mit dem Wohnraum verbunden. Dadurch gewinnt das Erdgeschoss nicht nur deutlich an Fläche und optischer Großzügigkeit – auch der Garten ist jetzt direkt in das Wohnerlebnis miteinbezogen: Im Südwesten gibt eine bodentiefe Übereckverglasung den Blick ins Grüne frei und sorgt für schwellenlose Übergänge zwischen drinnen und draußen, wo eine vorgelagerte Terrasse als sonniger Sitzplatz dient.

Von der neuen gläsern-transparenten Fassadenöffnung profitiert auch der bestehende Wohnbereich, der sich nahtlos an die Essküche anschließt und nun wesentlich lichter und luftiger wirkt. Was auch daran liegt, dass er deutlich an Höhe gewonnen hat: Ein Ausschnitt in der Geschossdecke öffnet ihn in der Vertikalen bis unters Dach. Dieser große Durchbruch schmälert zwar die Wohnfläche in der oberen Etage, das wird von dem Raumgewinn in der Eingangsebene jedoch wieder kompensiert.

Neben diesen weitreichenden Veränderungen sowie der Beseitigung bauzeittypischer Mängel nahmen die Planer im Übrigen nur wenige Eingriffe in die bestehende Struktur vor, um mit »einer Art Akupunktur«, wie sie es nennen, gezielte Verbesserungen zu erreichen. Etwa, indem sie den Grundriss an einigen Stellen behutsam gelichtet sowie Fensteröffnungen teilweise modifiziert oder versetzt haben. Im Obergeschoss wurde das winzige Familienbad um eine zusätzliche Nasszelle ergänzt, die Platz für eine Wanne bietet.

Alt und Neu werden in Formensprache und Materialwahl klar differenziert, ergänzte Bauteile überlagern sich collageartig mit bestehenden. Was sich besonders gut an der Fassade erkennen lässt: Dort, wo Öffnungen geschlossen wurden, sind dunklere Ziegel in das Mauerwerk eingefügt, die sich deutlich von den bestehenden Backsteinen abheben. In Essküche und Wohnbereich fangen türkisfarben lackierte Doppelsteg-Stahlträger und schlanke Stützen die Lasten auf und sorgen für fröhlich bunte Akzente. Mit ihrem Industrie-Charme erinnern diese Standardbauelemente an die Case Study Houses der kalifornischen Moderne, von denen sich das design- und architekturinteressierte Bauherrenpaar bei einer Besichtigungsreise inspirieren ließ. Zum unprätentiös gestalteten Interieur passt auch der polierte Zementboden, der die offenen Raumzonen optisch zusammenbindet.

In Anlehnung an die experimentelle Wohnhaus-Architektur der amerikanischen Nachkriegszeit entstand auch der neue Carport: Auto und Fahrräder stehen nun vor der ehemaligen Garage – beschirmt von einer Pergola aus Stahl und Trapezblech.

Oben Von der Essküche im ehemaligen Garagenanbau gelangt man schwellenlos auf die vorgelagerte Terrasse, die geschützt im Winkel beider Haustrakte liegt.

Rechts oben Nach dem Wegfall einer Trennwand gehen die Räume offen ineinander über. Türkisfarbene Stahlstützen und -träger sorgen für kräftige Farbakzente.

Rechts unten Mehr Luft nach oben: Ein Ausschnitt in der Geschossdecke öffnet den Wohnbereich bis unters Dach und lässt zusätzliches Tageslicht hereinfallen.

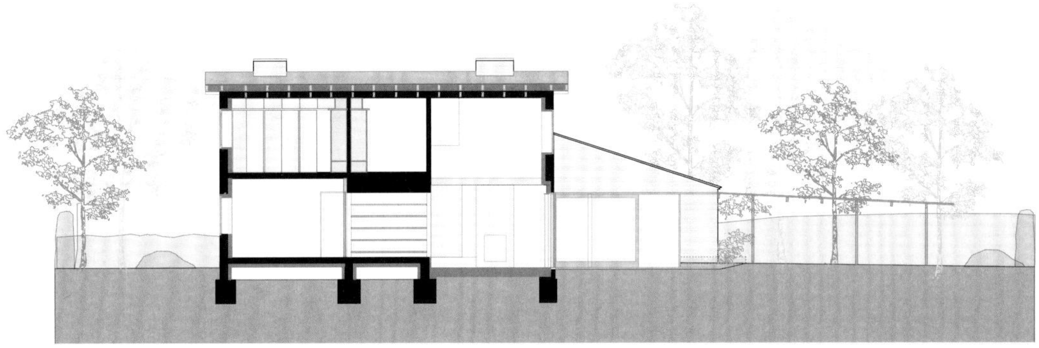

Schnitt

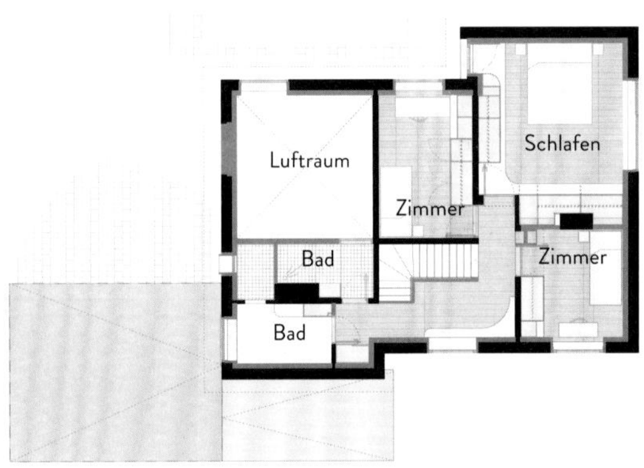

Obergeschoss

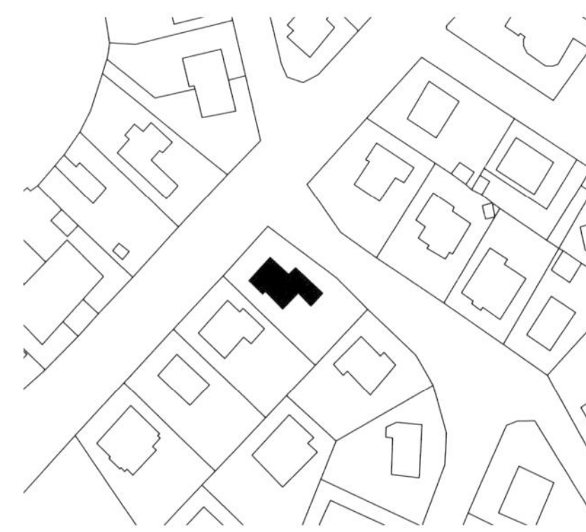

Lageplan

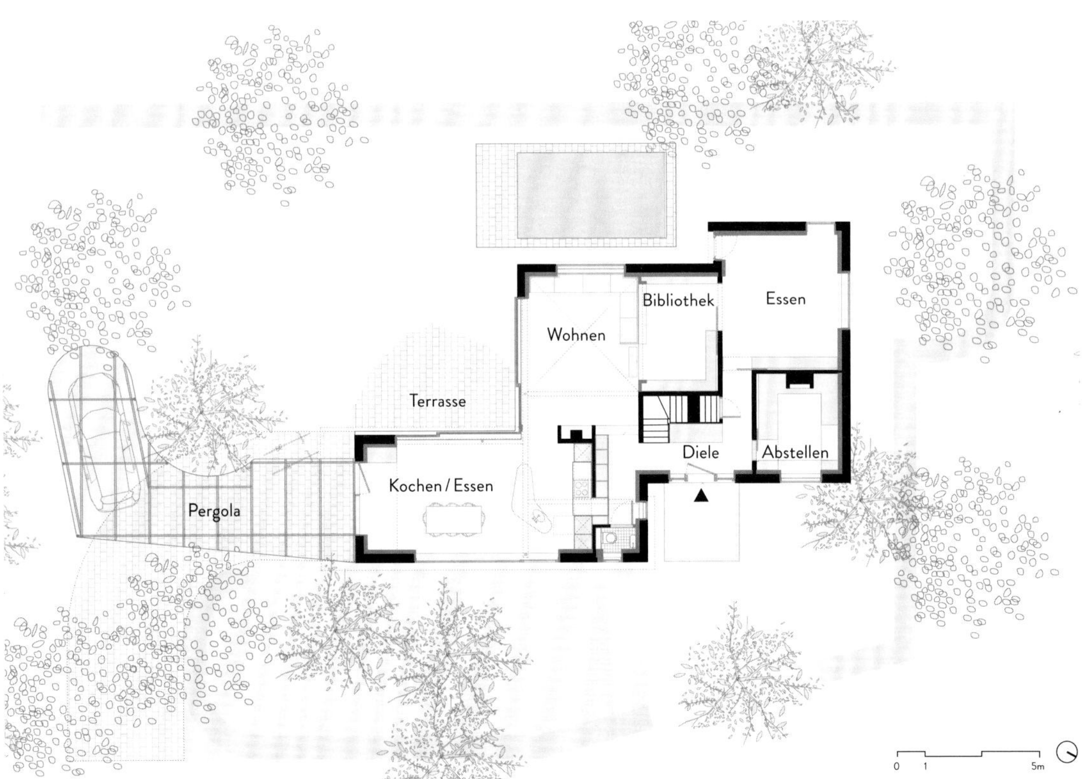

Erdgeschoss

Kurzporträt

- » Sanierung und Umbau eines Einfamilienhauses aus den 1950er-Jahren
- » Garage zur Essküche umgewandelt
- » Grundriss im Erdgeschoss mit Wanddurchbrüchen gelichtet und neu organisiert
- » Optische Großzügigkeit durch zweigeschossigen Luftraum
- » Ebenerdiger Ausgang auf neue Südterrasse
- » Bad im Obergeschoss vergrößert
- » Fassadenöffnungen teilweise geändert oder geschlossen
- » Energetische Ertüchtigung des Bestands
- » Pergola als überdachter Stellplatz

Gebäudedaten

Grundstücksgröße: 705 m²
Wohnfläche vorher/nachher: 166 m²/171 m²
Zusätzliche Nutzfläche vorher/nachher: 35 m²/10 m²
Anzahl der Bewohner: 4
Bauweise: Hybridbau (Holz, Ziegel, Stahlbeton, Stahl)
Fassade: Backstein (Bestand) mit Innendämmung
Energiekonzept: Gastherme, Fußbodenheizung
Baujahr Bestand: 1958
Fertigstellung Umbau: 2024

Beurteilung der Jury

Mit dieser Neugestaltung am Stadtrand von Gent entsteht ein Haus mit Charakter, das durch seine fröhliche Leichtigkeit besticht. Gezielte Eingriffe erzeugen eine neue räumliche und atmosphärische Offenheit: die Umwandlung der früheren Garage in einen offenen Ess- und Kochbereich, ein neuer Luftraum oberhalb des Wohnraums, öffenbare Fensterelemente übereck, die den Außen- zum erweiterten Innenraum machen. Eine frische und zeitgenössische Material- und Farbwahl unterstützt dabei die neue Leichtigkeit der Räume. Referenzen an Case Study Houses und Designelemente der 1950er/60er fließen bewusst in die Architektursprache ein. Bestehende Elemente wie das markante Bogensegment, das als großes Fenster interpretiert wird, werden betont und formen den eigensinnigen Charakter des Hauses. Diese Neugestaltung kann als Blaupause gelten für einen kreativen und findigen Umgang mit Einfamilienhäusern aus der Nachkriegszeit.

Tina Kortmann

Jan Baes und Petra Decouttere, AE-architecten

» Wir haben die Garage zur Essküche umgebaut und mit dem Wohnbereich verbunden. Dadurch konnten wir mehr Großzügigkeit und besondere Ausblicke schaffen. «

60

3. Preis

DAS PRINZIP ÖFFNUNG

Haus mit Durchblick in Köln

Keßler Plescher Architekten

Vorherige Doppelseite Die renovierte Straßenfassade gibt dem Reihenhaus ein neues, frisches Gesicht. In der Küche sorgen kräftige Farben für starke Kontraste.

Links Das schlichte, klare Haus aus den 1920er-Jahren war durch vorangegangene Umbauten verunstaltet worden, was sich bereits an der Eingangsseite ablesen ließ.

Rechts oben Im Erdgeschoss gehen die Räume offen ineinander über. Nach dem Wegfall einer Trennwand schließt sich die Küche rechts neben den Essplatz an.

Rechts unten Von der Diele blickt man bis in den Garten. Sowohl die Solnhofer Platten als auch der rot-weiße Zementfliesenboden stammen aus der Erbauungszeit.

Als 1914 die erste Werkbund-Ausstellung in Köln stattfand, entstand in Braunsfeld die Siedlung um den Pauliplatz, ein modellhaftes Wohnquartier nach dem Prinzip der Gartenstadt. Die historische Anlage in Blockrandbebauung mit schmucken zweigeschossigen Häusern und kleinen Vorgärten ist bis heute erhalten geblieben. In den 1920er-Jahren wurde das Viertel erweitert, wobei die neu hinzugekommenen Wohngebäude jedoch deutlich schlichter ausfielen. Eines dieser Reihenhäuser in direkter Nachbarschaft zur Werkbundsiedlung hat das Architekturbüro Keßler Plescher nun saniert und in ein zeitgemäßes Familiendomizil verwandelt.

Zwar war der Bestand insgesamt gut erhalten, technisch jedoch überholt – und durch frühere Umbauten sichtlich verunstaltet, was sich bereits an der Straßenfassade mit ihren unproportionierten Fenstern und Kunststoffrollläden ablesen ließ. Ebenso entsprach der für die Entstehungszeit typische kleinteilige Grundriss mit separierten Räumen nicht den Vorstellungen der jungen Familie. Diese hatte zuvor in einer gründerzeitlichen Altbauwohnung gelebt und wünschte sich mehr Offenheit und Großzügigkeit. Aufgabe des Planerteams war es daher nicht nur, das Gebäude zu renovieren und technisch auf den heutigen Stand zu bringen, sondern auch den Grundriss mit gezielten Eingriffen zu lichten und das Interieur neu zu gestalten.

Die größten Veränderungen fanden im Erdgeschoss statt, wo der Blick bereits beim Betreten des Hauses nun durch die offene Küche direkt in den Garten fällt. Diese bildet nach dem Wegfall einer Innenwand zusammen mit Essplatz und Wohnbereich ein Raumkontinuum, das sich über die gesamte Gebäudetiefe erstreckt. Zum lichten und luftigen Eindruck trägt nicht zuletzt die neue Glasfaltwand auf der Nordseite bei, die den Innenraum auch optisch ins Freie und auf die vorgelagerte Terrasse erweitert.

Dass hier auf überschaubarer Fläche nirgendwo ein beengtes Gefühl aufkommt, liegt vor allem am präzise geplanten Innenausbau, der wichtiger Bestandteil des architektonischen Konzepts ist. Die frühere Trennwand zwischen Flur und Wohnzimmer etwa wurde durch ein raumhohes, multifunktionales Einbaumöbel ersetzt. Dieses dient auf der einen Seite als Garderobe, auf der anderen Seite sind Schränke, Bücherregale, eine Sitzbank und sogar eine doppelflügelige Tür mit Durchgang zur Diele integriert.

Maßgefertigte Schreinereinbauten fungieren auch im Obergeschoss mit den privaten Rückzugszonen der Eltern als raumteilende und raumbildende Elemente zugleich. Deckenhohe Schränke mit Fronten aus geöltem Eichenfurnier lassen im Schlafzimmer einen klar abgetrennten Bereich mit Ankleide entstehen. Die Schiebetür zum angrenzenden Bad wiederum verschwindet fast unsichtbar in einer weiteren holzverkleideten Möbelwand.

In der Dachetage haben die Kinder ihr eigenes Reich. Zwar sind deren Zimmer relativ kompakt, haben jedoch deutlich an Höhe und optischer Großzügigkeit gewonnen: Die Zwischendecke zum Spitzboden wurde entfernt, sodass sie nun in der Vertikalen bis unter den First reichen.

Zum stimmigen Wohnambiente trägt neben dem homogenen Innenausbau vor allem auch die fein abgestimmte Farb- und Materialpalette bei, die jedem Raum einen unverwechselbaren Charakter verleiht. Ein besonderer Blickfang im Entree ist die skulptural anmutende Holztreppe in frischem Mintgrün. Im Wohnbereich dominieren eher dezente Töne, das Schrankmöbel aus MDF changiert je nach Lichteinfall zwischen Violett und Grau. In starkem Kontrast dazu stehen die blauen Küchenfronten und der originale, rot-weiß gebänderte Zementfliesenboden, der unter Kunststoffbelägen wieder zum Vorschein kam. Ebenfalls noch aus der Erbauungszeit stammen die Solnhofer Platten im Eingangsflur und das Eichenparkett im Wohnraum, das sorgsam aufgearbeitet wurde.

Auch nach außen hin zeigt das renovierte Reihenhaus wieder ein stimmiges Bild: mit neuer Eingangstür und wohlproportionierten Fenstern, deren Aufteilung sich an den Vorbildern im Pauliviertel orientiert, sowie luftig-leichten Stoffmarkisen als Sicht- und Sonnenschutz.

Links oben Der Wohnbereich orientiert sich auf die Straßenseite. Ein multifunktionales Einbaumöbel bietet viel Stauraum – und ersetzt die Trennwand zum Flur.

Links unten In das maßgefertigte Schrankmöbel ist auch eine doppelflügelige Tür zur Diele integriert. Die alte Holztreppe erhielt eine mintfarbene Lackierung.

Oben beide Möbeleinbauten mit Eichenfronten dienen im Elternzimmer als raumteilende und raumbildende Elemente zugleich und tragen zum stimmigen Wohnambiente bei.

Rechts Grüne Oase mitten in der Stadt: Über eine Glasfaltwand und eine Außentreppe gelangt man vom Wohnbereich im Hochparterre in den schön eingewachsenen Garten.

Schnitt ohne Maßstab

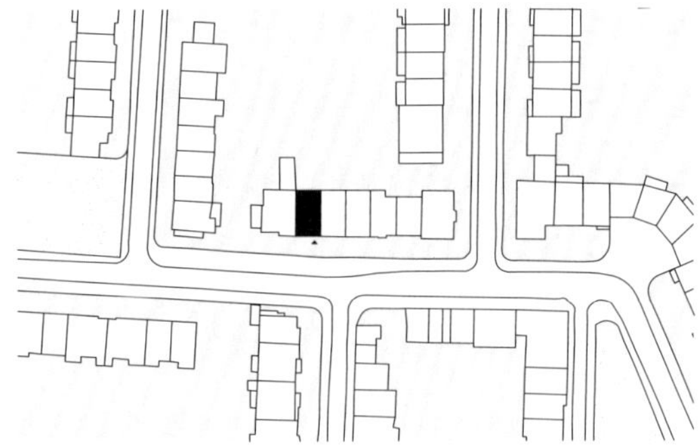

Lageplan

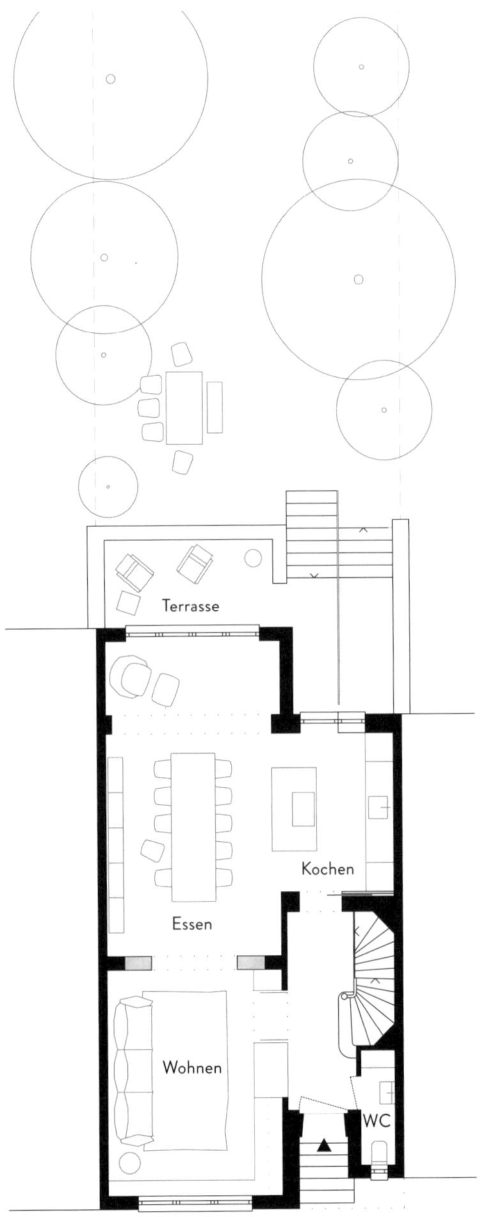

Erdgeschoss

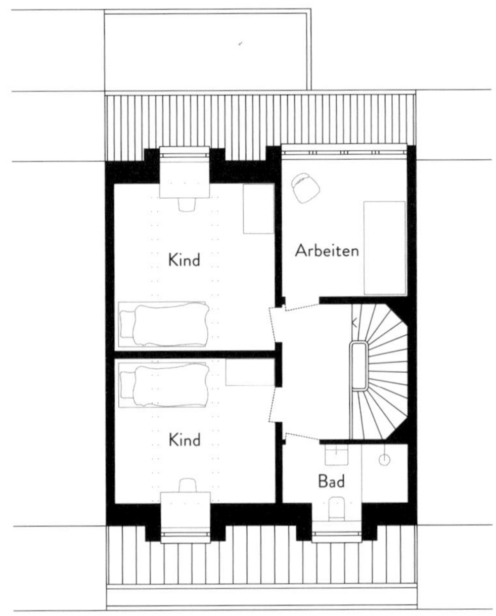

Dachgeschoss

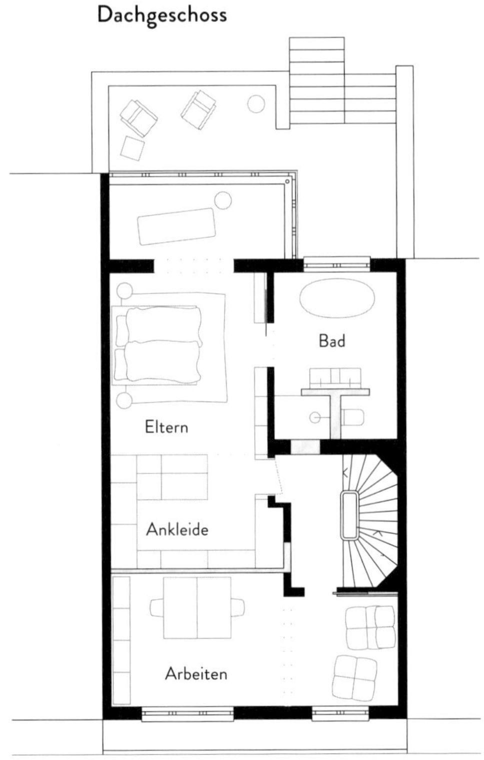

Obergeschoss

Kurzporträt

- Sanierung, Umbau und raumbildender Ausbau eines Reihenhauses aus den 1920er-Jahren
- Grundrisse auf allen drei Etagen mit gezielten Eingriffen gelichtet und neu organisiert
- Offene Räume und durchgehende Sichtachsen für optische Großzügigkeit trotz kompakter Grundfläche
- Kinderzimmer im Dachgeschoss bis zum First geöffnet
- Veränderung von Fensteröffnungen, neuer Terrassenausgang mit raumbreiter Glasfaltwand
- Energetische Ertüchtigung, Dach neu gedämmt und gedeckt
- Homogener Innenausbau, maßgefertigte Stauraummöbel, individuelles Farb- und Materialkonzept

Gebäudedaten

Grundstücksgröße: 300 m²
Wohnfläche vorher/nachher: 195 m²/197 m²
Zusätzliche Nutzfläche: 75 m²
Anzahl der Bewohner: 5
Bauweise: massiv, Mauerwerk und Stahlbeton
Fassade: mineralischer Putz
Energiekonzept: Gasheizung
Heizwärmebedarf: 54 kWh/m²a
Primärenergiebedarf: 66 kWh/m²a
Baujahr Bestand: 1920er-Jahre
Fertigstellung Umbau: 2022

Beurteilung der Jury

Aus einem in die Jahre gekommenen Stadthaus mit kleinteiliger innerer Organisation wurde ein großzügiges, über drei Etagen mit offenen Wohngrundrissen deutlich aufgewertetes Refugium für eine fünfköpfige Familie. Mit dem geschickten Rückbau nichttragender Wände konnte ein offener Raumverbund mit Lichtdurchlässigkeit bis zum Spitzboden geschaffen werden. Gleichzeitig verbesserte sich durch den Einbau neuer, beidseitig nutzbarer Regale und Wandschränke die Funktionalität und Wohnlichkeit deutlich. Die Holztreppe aus der Ursprungszeit der zwanziger Jahre wurde stilvoll aufbereitet und entfaltet nun ihre skulpturale Wirkung. Die Bodenbeläge im Erdgeschoss, teilweise achtlos unter PVC verborgen, konnten wieder aufgearbeitet werden. Solnhofer Platten im Eingangsbereich, rotweiße Zementfliesenbänder in der Küche und Eichenparkett in den Wohnräumen aktivieren die im Bestandsgebäude steckende sogenannte goldene Energie wieder neu.

Reiner Nagel

Katrin Julia Plescher und Arne Keßler

» Weiterbauen im Bestand erfordert sensible, aber gezielte Eingriffe, um ein altes Haus mit kleinteiligen Strukturen zukunftsfähig zu machen – ohne dabei den ursprünglichen Charakter zu verändern. «

مسجد علي
MESKITA . ALI
20
Alarma

Interior-Preis

SPUREN DER VERGANGENHEIT

Haus BSP 20 in Barcelona (Spanien)

Raúl Sánchez Architects

Wenn Mauern sprechen könnten, hätten sie hier einiges zu erzählen – vor allem über den langwierigen und mühsamen Umbauprozess dieses Stadthauses im historischen Zentrum von Barcelona. Mehr als acht Jahre dauerte es von der Planung bis zur Fertigstellung. Dabei wirkte die Bauaufgabe zunächst recht übersichtlich: Das extrem schmale, vierstöckige Gebäude aus dem späten 19. Jahrhundert hat eine Grundfläche von gerade einmal 20 Quadratmetern. Im Auftrag des neuen Eigentümers sollte das Büro Raúl Sánchez Architects das kleine leerstehende Haus in ein zeitgemäßes Domizil zum Wohnen und Arbeiten verwandeln. Die schlechte Bausubstanz machte das Projekt jedoch nicht nur in technischer Hinsicht zu einer besonderen Herausforderung für alle Beteiligten. Hinzu kamen bürokratische Hürden und behördliche Streitigkeiten, zähe Verhandlungen mit dem Denkmalschutz sowie juristische Auseinandersetzungen mit Hausbesetzern, die sich zwischenzeitlich in dem Bau einquartiert hatten.

»Das Gebäude war in einem ruinösen Zustand«, wie Raul Sánchez es beschreibt, »die Treppen waren wackelig und einsturzgefährdet, tragende Innenwände und Bodenplatten stark beschädigt und instabil.« Den maroden Bestand an geltende Bauvorschriften und heutige Wohnbedürfnisse anzupassen, war praktisch unmöglich und führte schließlich zu der Entscheidung, das Hausinnere komplett zu entkernen und neu aufzubauen.

Was nach dem Abriss aller Geschossdecken übrig blieb, war ein gut 15 Meter hoher Raum, an dessen Mauern sich das Muster unterschiedlichster Ziegel und Steine abzeichnete. Und nicht nur das – jede Wand wird mit ihrer unregelmäßigen Textur auch zum Abbild der Geschichte des Gebäudes und seiner früheren Nutzung: An Bögen, Stürzen oder Auflagern lassen sich ehemalige Konstruktionen ablesen, Mörtelreste deuten auf einstige Einbauten oder Verkleidungen hin. Daraus ergab sich das Konzept, die historische Substanz – und damit auch die Spuren der Vergangenheit – ungeschönt und sichtbar zu belassen.

Die neuen Geschossebenen wurden wie Plattformen in den haushohen Hohlraum eingezogen und an den seitlichen Brandwänden verankert, ohne dabei die Vorder- und Rückfassaden zu berühren. Zur Straße hin sind sie über schmale begehbare Glasscheiben von den Außenmauern getrennt, sodass man vom Erdgeschoss bis unters Dach blicken kann. Auf der Rückseite des Hauses wiederum schraubt sich die neue Treppe als weiß lackierter, freistehender Zylinder über alle vier Geschosse nach oben und macht die imposante Gebäudehöhe in ihrer ganzen Dimension erlebbar. Pro Etage gibt es nur einen Raum: Das Erdgeschoss dient als Foyer, Küche und Essbereich, es folgen das Wohnzimmer, ein Bad mit Ankleide, ein Schlafraum sowie als krönender Abschluss eine sichtgeschützte Dachterrasse.

Die Installationen werden hier nicht versteckt, sondern als gestalterisches Element bewusst inszeniert, auch um unschöne Wandschlitze in das alte Mauerwerk zu vermeiden. Sieben vertikale Edelstahlzylinder, die entlang der Brandwand zum Nachbarn verlaufen, nehmen die erforderlichen Leitungen – für Wasser, Strom, Lüftung und Telekommunikation – auf.

Auch sonst bleibt der historische Bestand klar ablesbar, während neu hinzugekommene Elemente deutlich davon abgesetzt sind. In starkem Kontrast zur ruppig-rauen Anmutung des alten Gemäuers mit seiner groben, unregelmäßigen Textur steht der Innenausbau, der auf klare Linien, reduzierte Materialien und glatte Oberflächen setzt. Ein besonderer Blickfang im Entree ist die Küchenzeile mit ihren schimmernden Messingfronten und einer Arbeitsplatte aus weißem Marmor. Das Bad ist in einem dezenten Cremeton mit lackierten Holzpaneelen und fugenlosem Bodenbelag aus Mikrozement gestaltet, in den übrigen Räumen sorgen Eichenholzdielen und Zementfliesen für wohnliches Flair.

Im Erdgeschoss konnte der originale Mosaikboden erhalten und restauriert werden. Sein dreidimensionales Rautenmuster taucht leicht verfremdet auch an der neuen Eingangstür aus Aluminium auf: Zwar musste die Straßenfassade denkmalgerecht saniert werden, doch bei der Haustür hatte das Planerteam gestalterischen Spielraum. Sie ist das einzige Element, das nach außen hin die weitreichenden Veränderungen im Gebäudeinnern erahnen lässt.

Vorherige Doppelseite Die Fassade des Stadthauses wurde denkmalgerecht saniert, nur die neue Haustür deutet auf die einschneidenden Veränderungen im Innern hin.

Links beide Das schmale, zuletzt stark baufällige Haus zwängt sich auf minimaler Grundfläche zwischen seine Nachbarn. Das Entree ist Küche und Essplatz zugleich.

Rechts oben Die Küchenzeile mit Messingfronten und einer Arbeitsplatte aus weißem Marmor bildet einen starken Kontrast zu den roh belassenen Ziegelwänden.

Rechts unten Das Gebäudeinnere wurde komplett entkernt. Eine weiße Stahlspindeltreppe bildet das neue Rückgrat der Erschließung und reicht über alle vier Etagen.

Links Die neuen Wohnebenen sind wie Plattformen in den Innenraum eingezogen. Sieben Edelstahlzylinder nehmen Installationen und Versorgungsleitungen auf.

Unten links Begehbare Glasscheiben trennen alle Geschossdecken von der Fassade: Über die gläserne Fuge an der Außenwand gelangt man vom Bad weiter zur Dusche.

Unten rechts Das Bad dient auch als Ankleide. Als Kontrast zum alten Steingemäuer setzt der Innenausbau auf klare Linien, dezente Farben und glatte Oberflächen.

Oben In jeder Etage des Gebäudes gibt es nur einen Raum. Das Schlafzimmer ist im dritten Stock untergebracht, breite Eichenholzdielen sorgen für behagliches Flair.

Rechts oben Aussichtsposten in luftiger Höhe: Hinter der gemauerten Balkonbrüstung verbirgt sich eine kleine Dachterrasse, die als sichtgeschützter Freisitz dient.

Rechts unten Über eine Öffnung im Dach fällt Tageslicht von oben in den gut 15 Meter hohen, offenen Treppenraum und dringt bis in die Eingangsebene vor.

Lageplan

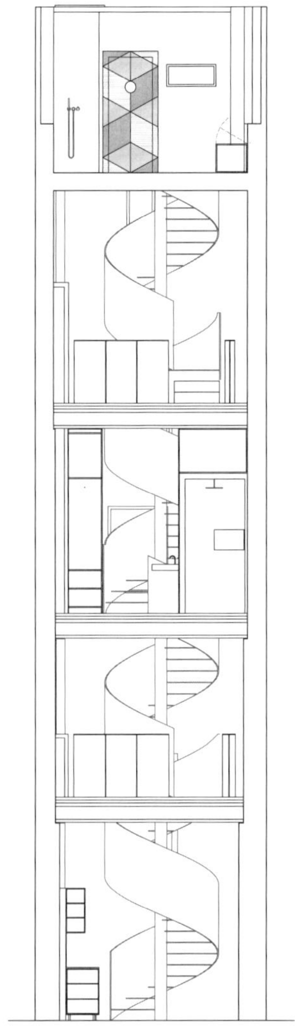

Querschnitt

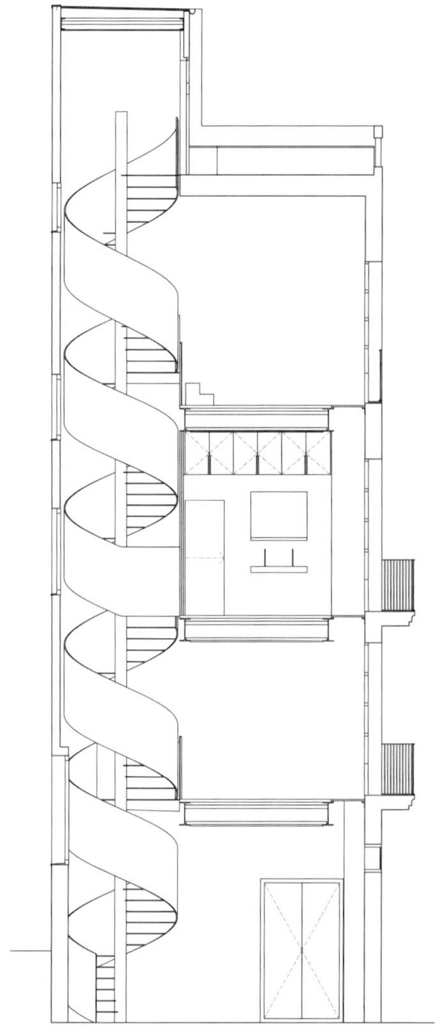

Längsschnitt

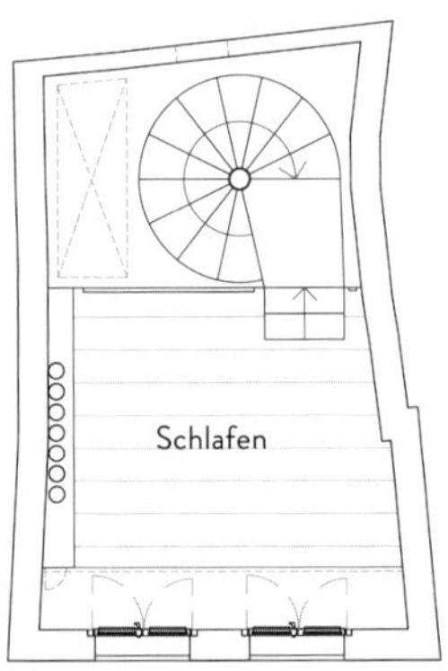

3. Obergeschoss

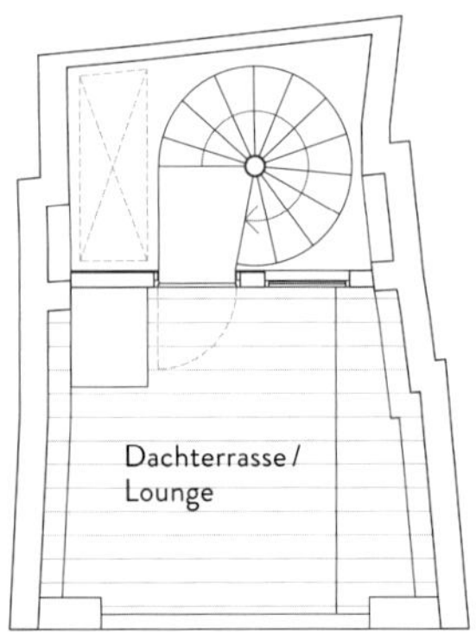

Dachgeschoss

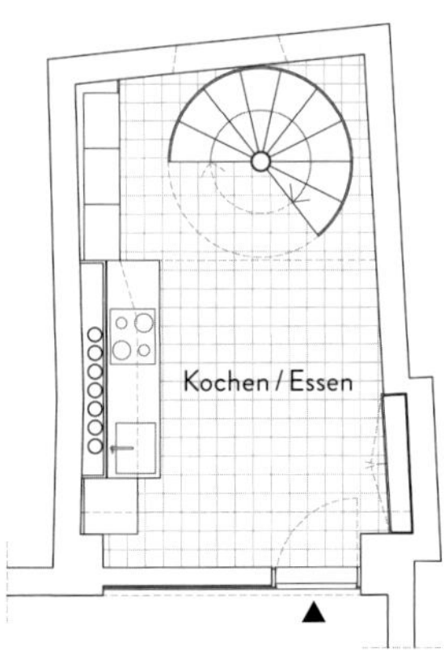

Erdgeschoss

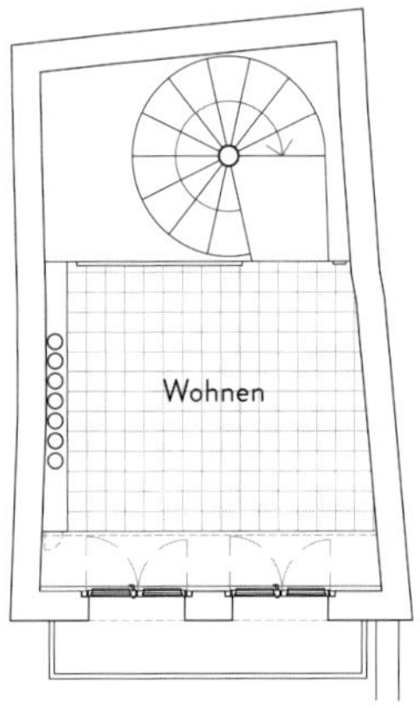

1. Obergeschoss

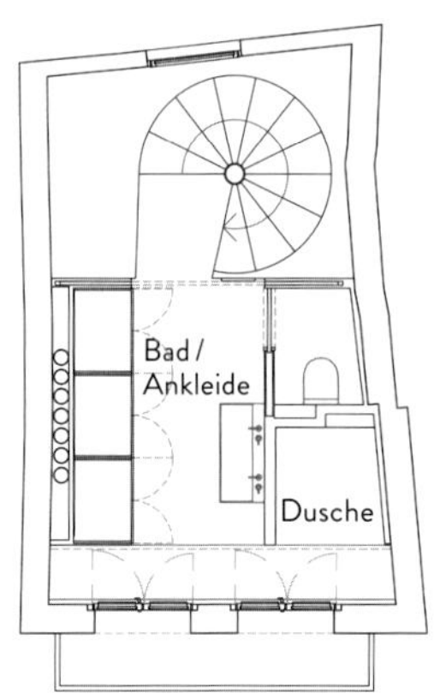

2. Obergeschoss

Kurzporträt

- Umbau eines maroden Wohnhauses aus dem 19. Jahrhundert im historischen Stadtzentrum
- Denkmalgerechte Restaurierung der Straßenfassade
- Gebäude entkernt, neue Geschossdecken eingezogen, Erschließung über skulpturale Spindeltreppe
- Historisches Mauerwerk freigelegt und sichtbar belassen
- Neu hinzugekommene Elemente in Farb- und Materialwahl deutlich vom Bestand abgesetzt
- Geschickte Tageslichtregie
- Dachterrasse als sichtgeschützter Freisitz

Gebäudedaten

Grundstücksgröße: 20 m²
Wohnfläche vorher/nachher: ca. 90 m²/ca. 85 m²
Anzahl der Bewohner: 2
Bauweise: massiv, Mauerwerk (Bestand), Stahlkonstruktion, Beton (neue Einbauten)
Fassade: Kalkputz gemäß Denkmalschutzbestimmungen
Baukosten gesamt: unter 300.000 Euro
Energiekonzept: Wärmepumpe für Fußbodenheizung und -kühlung
Baujahr Bestand: 1885
Fertigstellung Umbau: 2022

Beurteilung der Jury

Auf nur 20 m² Grundfläche wird in der historischen Innenstadt von Barcelona ein stark sanierungsbedürftiges Gebäude behutsam zu neuem Leben erweckt. Die Fassade aus dem Ende des 19. Jahrhunderts wird in Abstimmung mit der Denkmalpflege wieder hergerichtet, lediglich die neue Eingangstür lässt von außen auf eine Neukonzeption des Gebäudes schließen. Im Inneren werden die rohen Ziegelwände mit ihren vielfältigen Gebrauchsspuren und früheren Konstruktionen zum Hauptgestaltungselement. Trotz des geringen Platzangebotes werden die neuen Decken mit Abstand zur Straßenfront errichtet, um die gesamte Höhe des Gebäudes erleben zu können. Eine Stahlspindeltreppe verbindet die Stockwerke, sie steht frei und wird zur Raumskulptur. Ganz oben lädt die kleine Dachterrasse zum Verweilen ein. Das Zenitlicht, das durch eine großzügige Verglasung über der Treppe ins Innere fließt, schafft eine einzigartige Atmosphäre auf allen vier Etagen des Hauses. Während die konstruktiven Einbauten in einem neutralen Weiß einen schönen Kontrast zu den rotbraunen Bestandswänden bilden, bestechen die Oberflächen der Möbel und Bodenbeläge durch eine sensible Auswahl unterschiedlicher Materialien. So entsteht auf kleiner Fläche ein großartiger Innenraum, der insbesondere in seinem feinfühligen Umgang mit dem Bestand überzeugt.

Susanne Wartzeck

Raúl Sánchez

» Aus der Idee, alle Mauern freizulegen ergab sich das Konzept: Alle Spuren früherer Konstruktionen und Nutzungen bleiben unverändert und in ihrer ganzen Rohheit sichtbar. «

Auszeichnung

DIE NEUE MITTE

Umbau Siedlerhaus Battin / Uckermark

Klöpfel Zeimer Architekten

Vorherige Doppelseite Mehr Licht und Luft: Das Erdgeschoss wurde entkernt, das neue Treppenhaus ist in einem kompakten Klinkerkern in Gebäudemitte untergebracht.

Rechts oben An der Kubatur hat sich nichts geändert, am Erscheinungsbild umso mehr: Der Eingang wurde verlegt, Fenster mit schlanken Rahmen gliedern die Fassade.

Links Das Siedlerhaus steht auf einem Grundstück am Ortsrand. Der schlichte Bau aus der Nachkriegszeit hatte bereits etliche unsensible Renovierungen hinter sich.

Rechts unten beide Die Räume fließen in offener Folge um den massiven Kern mit integriertem Kamin. Die alte Holzbalkendecke wurde freigelegt und grau gestrichen.

Wer Ruhe, Abgeschiedenheit und die Nähe zur Natur schätzt, ist hier richtig: Die dünn besiedelte Uckermark im Nordosten Brandenburgs ist mit ihrer weiten Landschaft, den zahlreichen Wäldern und Seen zu einem beliebten Rückzugsort für großstadtmüde Berliner geworden. Und auch die junge Baufamilie zog es hierher: Nachdem sie bereits seit Längerem in der Region nach einem geeigneten Refugium gesucht hatte, wurde sie in der kleinen abgelegenen Gemeinde Battin fündig. Das Grundstück mit seiner Lage am Ortsrand entsprach zwar ihren Vorstellungen – das alte Haus, das darauf stand, hingegen nicht: ein schlichter zweistöckiger Satteldachbau aus der Nachkriegszeit, der bereits etliche lieblose Sanierungen hinter sich hatte. »Das zierliche und karge Siedlerhaus war in den 1990er-Jahren von den Vorbesitzern ›modernisiert‹ und ziemlich verunstaltet worden – mit Kunststoff-Fenstern, Styropordämmung und roten Betondachpfannen«, wie Architekt Robert Zeimer berichtet. Auch im Innern sah es nicht besser aus: Alles wirkte dunkel und eng, zumal die abgehängten Decken die Räume relativ niedrig machten. Hinzu kam die ungünstige Lage des Treppenhauses an einer Außenwand – genau dort, wo man den besten Blick nach draußen gehabt hätte.

Mehr Licht und Luft lautete daher auch die Devise für den anschließenden Umbau, der sich vor allem auf das Gebäudeinnere konzentrierte. Dabei musste das Planerteam zunächst einmal Tabula rasa machen und sämtliche Trennwände entfernen, um Platz für ein völlig neues Raumkonzept zu schaffen. Dieses sah vor, die Treppe in die Hausmitte zu verlegen und zum Dreh- und Angelpunkt des Grundrisses zu machen.

Die Architekten konzipierten eine Ziegelskulptur, die nicht nur der Erschließung dient, sondern auch raumbildendes und raumgliederndes Element zugleich ist: Küche, Essplatz und Wohnbereich gruppieren sich in offener Folge um den zentralen Kern aus Sichtmauerwerk, in den auch der Kamin integriert ist. »Die neue Anordnung der Treppe ermöglicht fließende Räume mit Bezug zum Garten und weiten Ausblicken in die umgebende Landschaft«, wie das Planerteam erläutert.

Vor allem aber ist die Treppe selbst ein Blickfang: Die Architekten wählten ein Ziegelformat, mit dem sich das Mauerwerk exakt auf die Steigung der hölzernen Stufen abstimmen ließ, sodass diese ohne Wangen in die Seitenwände eingebunden sind. Die skulpturale Anmutung des massiven Treppenturms verstärkt sich durch einzelne, aus dem Verband herausgeschobene Steine, die sich teils sogar als kleine Abstellflächen für dekorative Gegenstände nutzen lassen.

Um mehr Tageslicht ins Innere zu holen und die Aussicht auf die weite Landschaft freizugeben, wurden die Fensteröffnungen stellenweise vergrößert oder verändert. Dort wo sich früher das Treppenhaus befand, gelangt man nun durch eine gläserne Faltschiebetür direkt ins Freie. Und auch der ehemalige Hauseingang daneben wurde an eine günstigere Stelle an der westlichen Gebäudeseite verlegt.

Die privaten Rückzugszonen sind im Dachgeschoss untergebracht. Hier setzt sich das offene Wohnkonzept konsequent fort: Der Elternschlafbereich mit kleiner Arbeitsgalerie hält über einen Luftraum Sichtkontakt zur Eingangsebene. Nur das gegenüberliegende Kinderzimmer lässt sich bei Bedarf mit Schiebetüren abteilen. Die alten Dachbalken blieben erhalten und sind sichtbar belassen, ebenso wurde die historische Holzbalkendecke im Erdgeschoss wieder freigelegt. In Kombination mit dem massiven Ziegelmauerwerk sowie den mit Lehm verputzten Bestandswänden entsteht eine unverwechselbare Wohnatmosphäre – zu der auch die maßgefertigten Küchenmöbel aus Edelstahl mit ihren metallisch-glänzenden Oberflächen beitragen.

Im Gegensatz zum kraftvoll gestalteten Interieur hat das schlichte Giebelhaus nach außen hin sein zurückhaltendes Erscheinungsbild behalten. Es präsentiert sich mit einer frischen Putzfassade im Besenstrich, hinter der sich jetzt allerdings eine neue Dämmung aus Holzfaserplatten verbirgt.

Oben links Im Dachgeschoss liegen die Schlafräume. Das Kinderzimmer lässt sich mit einer deckenhohen Schiebetür bei Bedarf vom zentralen Treppenhaus abteilen.

Oben rechts Maßarbeit: Die hölzernen Treppenstufen sind aus Douglasie und wurden seitlich ohne Wangen in die gemauerten Wände aus Dünnformat-Ziegeln eingelassen.

Rechts oben Das Elternzimmer ist über einen Luftraum mit der Eingangsebene verbunden: Von der Arbeitsgalerie schaut man in den darunterliegenden Wohnbereich.

Rechts unten Die Fenster wurden teilweise vergrößert, um den Blick in die Landschaft zu öffnen. Hinter der hellen Putzfassade verbirgt sich die neue Dämmung.

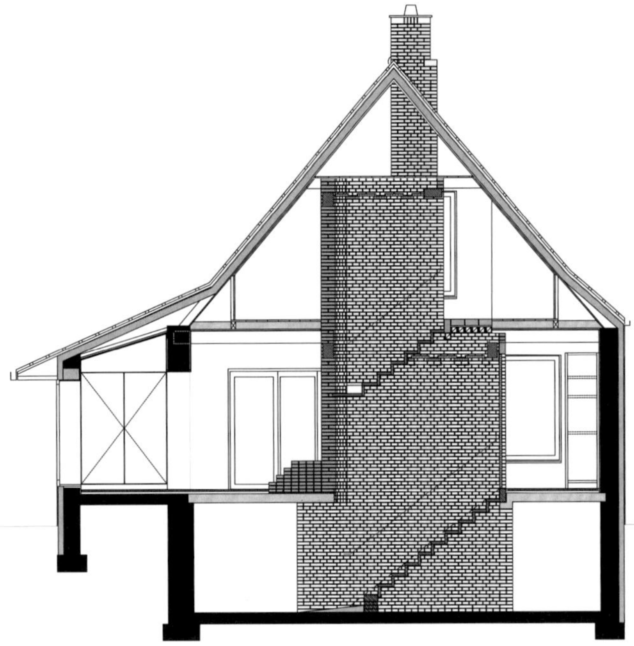

Schnitt

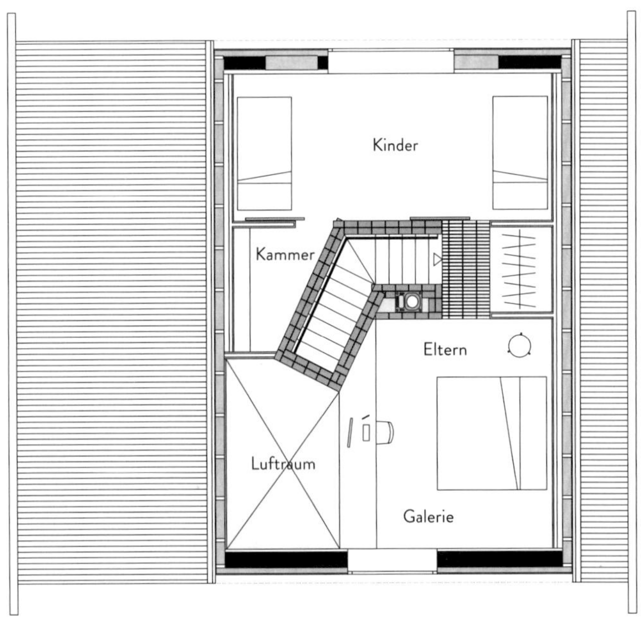

Obergeschoss

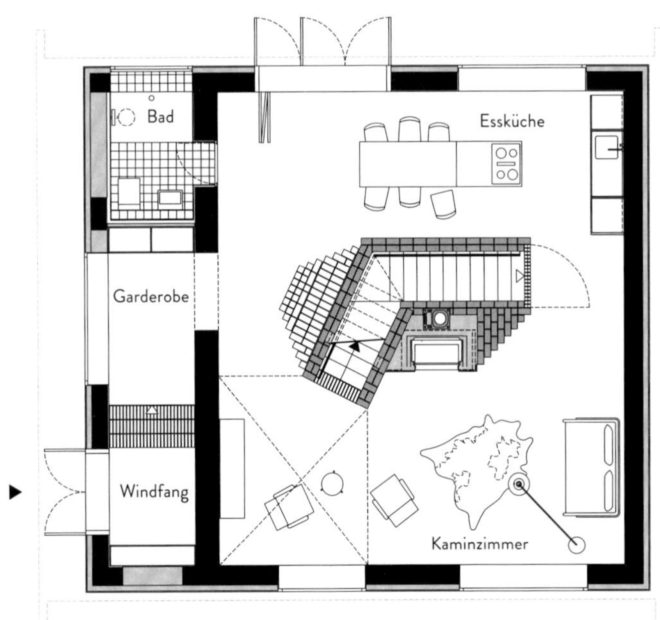

Erdgeschoss

Kurzporträt

- Umbau eines historischen Siedlerhauses am Ortsrand
- Bestand entkernt, Grundriss neu organisiert
- Skulpturaler Raumeinbau aus Sichtmauerwerk als zentrales Treppenhaus
- Erdgeschoss als offenes Raumkontinuum
- Einbau neuer Fenster, Öffnungen teilweise verändert oder vergrößert, Hauseingang auf die Westseite verlegt
- Energetische Ertüchtigung, Fassade neu gedämmt und verputzt
- Nachhaltigkeit durch Reduktion auf wenige, einfache Materialien

Gebäudedaten

Grundstücksgröße: 1.550 m²
Wohnfläche vorher/nachher: 115 m²/110 m²
Zusätzliche Nutzfläche: 25 m² (Keller)
Anzahl der Bewohner: 4
Bauweise: massiv
Fassade: Erneuerung WDVS mit Holzfaserdämmplatten, durchgefärbter Putz in Besenstrich
Baukosten gesamt: 535.000 Euro
Energiekonzept: Luft-Wasser-Wärmepumpe, Photovoltaik-Module
Heizwärmebedarf: 95 kWh/m²a
Primärenergiebedarf: 35 kWh/m²a
Baujahr Bestand: 1949
Fertigstellung Umbau: 2025

Lageplan

Robert Zeimer und Mathias Klöpfel

» Um den kraftvollen Raumeinbau aus Sichtmauerwerk herum entwickelt sich ein offenes Gefüge ineinander übergehender Wohnbereiche. «

Auszeichnung

MIT PATINA UND PRÄZISION

Neues Wohnen im Baudenkmal in Köln-Sülz

Falke Architekten

Das stattliche Mehrfamilienhaus aus der Jahrhundertwende im Kölner Stadtteil Sülz, einem beliebten, zentrumsnahen Wohnviertel, schien seine beste Zeit längst hinter sich zu haben: Von der Stuckfassade des denkmalgeschützten Baus bröckelte der Putz, das Dach war undicht, die oberen der insgesamt sieben Wohnungen hatten bereits Wasserschäden. Hinzu kam, dass die Substanz des 1912 errichteten Gebäudes durch diverse unsachgemäße Renovierungen und Umbauten der vergangenen Jahrzehnte stark gelitten hatte. Für den Architekten Martin Falke, der die Sanierung und Modernisierung der maroden Immobilie übernahm, war das Projekt daher auch eine besondere planerische Herausforderung: Zum einen galt es, die historische Substanz so weit wie möglich zu bewahren, zum anderen jedoch, den Bau an heutige Wohnbedürfnisse anzupassen und technisch auf den aktuellen Stand zu bringen.

Was folgte, war eine aufwendige Rundumerneuerung in enger Abstimmung mit dem Denkmalamt. Der Bestand wurde renoviert, wo möglich und nötig wurden Bauteile ergänzt, ausgetauscht oder teilweise nach originalen Mustern wiederhergestellt. Heute präsentiert sich die neoklassizistische Stuckfassade in neuem altem Glanz – und auch in das Ladenlokal im Erdgeschoss ist wieder Leben eingekehrt. Die weitreichendsten Veränderungen nimmt man von der Straße aus allerdings nicht wahr: In den beiden obersten Etagen ist eine großzügige Maisonette entstanden, die Falke sich als eigenes Domizil ausgebaut hat. Dabei fasste er die bestehende Dachgeschosswohnung im Hinterhaus mit dem darüberliegenden Spitzboden, der bislang nur als Trockenraum für Wäsche diente, zu einer Einheit zusammen. Von seiner Idee, hier zusätzliche Wohnfläche durch Nachverdichtung zu schaffen, konnte er auch das Denkmalamt überzeugen – zumal der Dachstuhl hierfür verändert werden musste: Das niedrige, abgeflachte Holzbalkendach wurde durch eine Firstkonstruktion ersetzt, die viel mehr Luft nach oben bietet.

Während in der unteren Maisonette-Etage – mit Schlafzimmer, Bad und Lounge – nur kleinere Grundrisskorrekturen erfolgten, ist im einstigen Spitzboden ein beeindruckend hoher, loftartiger Wohnbereich mit Küche, Essplatz und offenem Kamin entstanden, der von seiner exponierten Lage profitiert: Große Dachflächenfenster fluten den Raum von zwei Seiten üppig mit Tageslicht und geben den Blick in den Himmel frei. Auf der Hofseite im Süden führt eine doppelflügelige Glastür auf die Terrasse, die das Flachdach des Hinterhauses als Gartenersatz in luftiger Höhe nutzt.

Bei der Gestaltung des Interieurs vermied Falke jede historisierende Anbiederung und setzte stattdessen auf das selbstverständliche Miteinander von Alt und Neu »im Spannungsfeld zwischen Kontinuität und Transformation, zwischen Patina und Präzision«, wie er erklärt. »Der Entwurf versteht den Bestand als Gegenüber: Der Altbau steht mit seiner handwerklichen Massivität und Erdung im Kontrast zur modernen Intervention, die Offenheit, Licht und Leichtigkeit verkörpert.« Abnutzungsspuren oder natürliche Materialalterung sind hier kein Makel, sondern Teil der Gebäudegeschichte – und tragen zur unverwechselbaren Wohnatmosphäre bei. An den sichtbar belassenen, weiß gekälkten Holzbalken und -stützen lässt sich das historische Dachtragwerk ablesen, hinter kalkgeschlämmten Oberflächen schimmert das alte Backsteinmauerwerk hindurch. Im Gegensatz dazu stehen die neuen Elemente mit ihren klaren Konturen und geraden Linien: schlanke Stahlstützen, glatt verputzte Wände, rahmenlose Türen, handwerklich perfekte Schreinermöbel sowie eine skulpturale Stahltreppe, die wie ein filigranes Faltwerk wirkt.

Eine Besonderheit ist auch das eigens in der Schweiz angefertigte Atelierfenster auf der Hofseite mit beweglichen Lamellen: Es ist ein Hightech-Produkt, das in klarem Kontrast zu den Holzsprossenfenstern im übrigen Haus steht. Auf diese Weise ergibt sich überall ein Dialog zwischen Vergangenheit und Gegenwart – und zugleich auch »eine neue architektonische Sprache, die das Gebäude nicht glättet oder neutralisiert, sondern seine Geschichte mit den Mitteln unserer Zeit weiterschreibt«, wie Martin Falke zusammenfasst.

Vorherige Doppelseite Mit einer neuen Dachkonstruktion hat sich der ehemalige Spitzboden in einen beeindruckend hohen, lichtdurchfluteten Allraum verwandelt.

Links beide Das Mehrfamilienhaus aus der Gründerzeit war stark renovierungsbedürftig. Seine neoklassizistische Straßenfassade wurde denkmalgerecht saniert.

Oben Der loftartige Wohnbereich mit Essküche liegt im ausgebauten Dachgeschoss, das mit der darunterliegenden Ebene zu einer Maisonette zusammengefasst wurde.

Rechts beide Die privaten Zimmer und der Eingangsbereich liegen eine Etage tiefer. Maßgefertigte Einbauten und Holzdielen sorgen im Bad für wohnliches Flair.

EIS

Linke Seite Das historische Mauerwerk ist sichtbar belassen und wurde kalkgeschlämmt. Hinter der wandbündigen Tür verbirgt sich der Zugang zum zentralen Treppenhaus.

Links beide Eine schmale Deckenöffnung in Verlegerichtung der alten Holzbalken bietet Platz für die interne Treppe, die von der Lounge in die Dachetage führt.

Unten Gartenersatz in luftiger Höhe: Über eine doppelflügelige Glastür gelangt man zur Terrasse, die auf dem Flachdach des Hinterhauses entstanden ist.

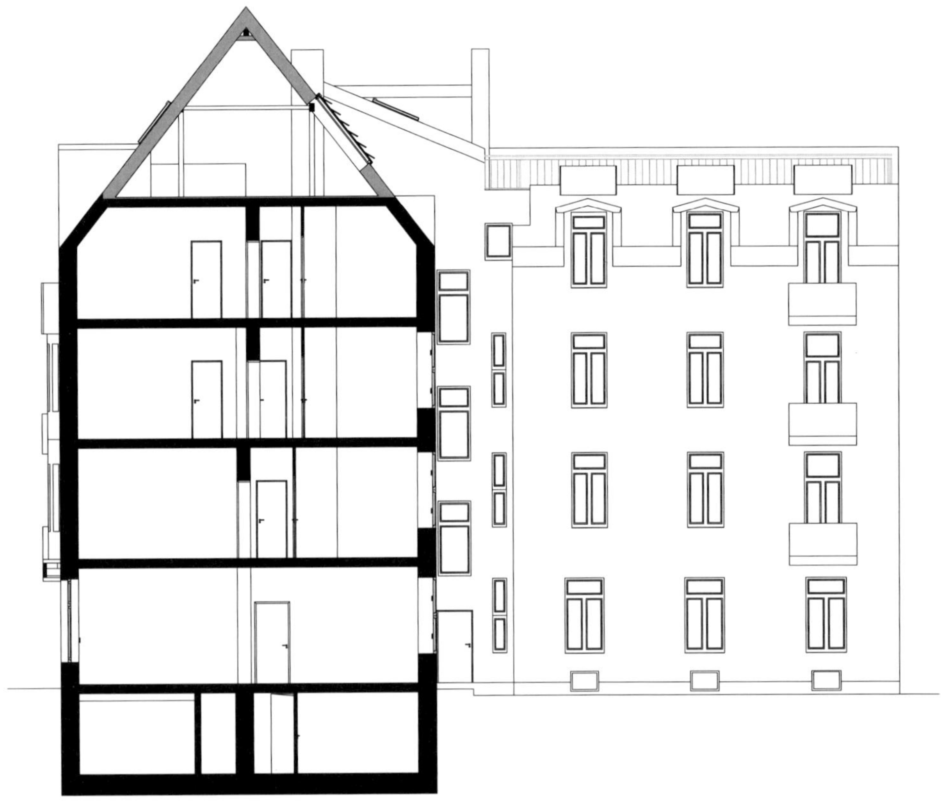

Schnitt

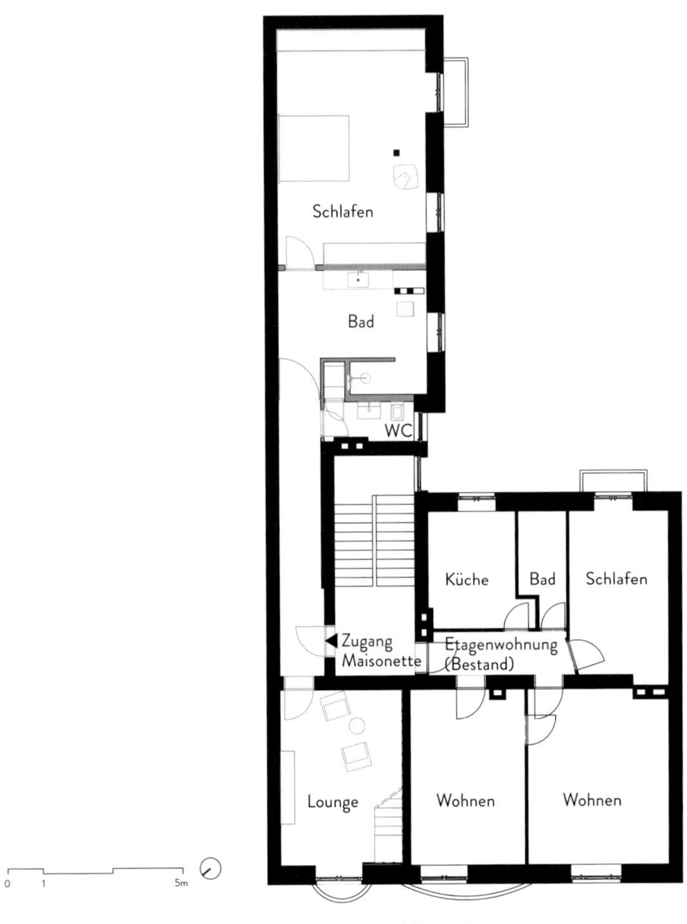

Dachgeschoss Ebene 1

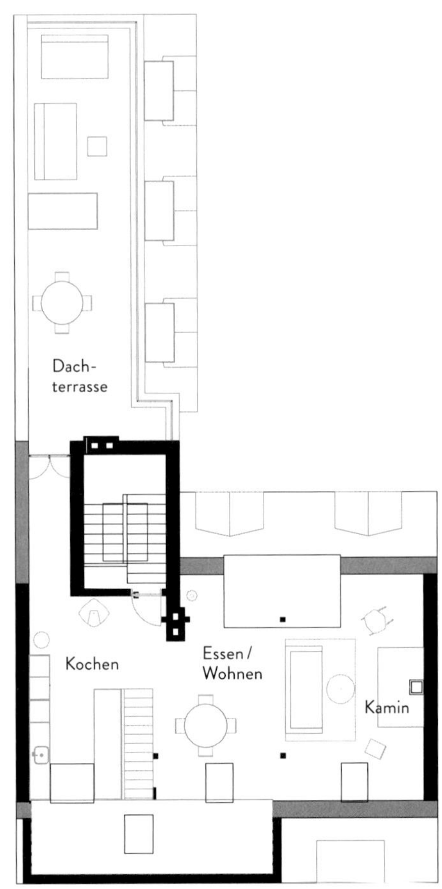

Dachgeschoss Ebene 2

Kurzporträt

- Sanierung und Umbau eines Baudenkmals mit sieben Wohnungen und einem Ladenlokal
- Energetische Ertüchtigung des Bestands, Dämmung der Hoffassade, Erneuerung von Haustechnik und Installationen
- Vergrößerung der Wohnfläche durch Ausbau des Spitzbodens mit geänderter Dachkonstruktion
- Zusammenfassen von zwei Etagen zur Maisonette mit neuem loftartigen Hauptwohnbereich
- Großformatige Dachflächenfenster für optimalen Lichteinfall
- Innenausbau in reduzierter Farb- und Materialpalette, neue Elemente klar vom Bestand abgesetzt
- Dachterrasse auf der Hofseite als sichtgeschützter Freisitz und Gartenersatz

Gebäudedaten

Grundstücksgröße: 387 m^2
Wohnfläche vorher/nachher: ca. 72 m^2/160 m^2 (Dachmaisonette inkl. Dachterrasse)
Anzahl der Bewohner: 1-2
Bauweise: massiv, Mauerwerk (Bestand), Holzkonstruktion, Mauerwerk (Erweiterung)
Fassade: historische Stuckfassade im Stil des Neoklassizismus (Straßenseite), Mauerwerk mit 60 mm Mineralwolledämmung und mineralischem Putz (Hofseite)
Baukosten Maisonette gesamt: ca. 550.000 Euro inkl. neuem Dach
Energiekonzept: Luft-Wasser-Wärmepumpe (für das gesamte Gebäude), Kaminofen im Wohnbereich
Heizwärmebedarf: 65 kWh/m^2a
Primärenergiebedarf: 42 kWh/m^2a
Baujahr Bestand: 1912
Fertigstellung Umbau: 2025

Lageplan

Martin Falke

» Durch die behutsame Transformation wird der einst ungenutzte Spitzboden zu einem hochwertigen modernen Wohnraum mit Loftcharakter, der den Dialog zwischen Alt und Neu konsequent fortführt. «

Auszeichnung

IN DER NATUR ZUHAUSE

Ferienhaus in Ostfriesland

Johannes Götz und Guido Lohmann

Vorherige Doppelseite Der Rotklinkerbau liegt eingebettet in die Dünenlandschaft. Nach außen hin hat er sich kaum verändert, in seinem Innern jedoch umso mehr.

Links Das Haus war im Lauf der Jahrzehnte immer wieder verändert worden und zuletzt in viele einzelne Räume aufgeteilt, wie hier das Kaminzimmer im Westen.

Rechts oben Wandverkleidungen aus Ahornholz machen das Kaminzimmer zum gemütlichen Aufenthaltsort, maßgefertigte Schreinereinbauten sparen zusätzliche Möbel.

Rechts unten Nach dem Wegfall der Trennwände hat sich das Erdgeschoss in ein lichtes Raumkontinuum verwandelt, das sich auf die Seeseite im Süden orientiert.

Es spricht für sich, wenn Architekten und Bauherren auch nach Fertigstellung eines Projekts noch ein gutes Verhältnis zueinander haben – zufriedene Auftraggeber sind schließlich die beste Referenz für ein Büro. Auch deshalb freuten sich Johannes Götz und Guido Lohmann umso mehr, als sie von denselben Bauherren, deren Osnabrücker Wohnhaus sie Jahre zuvor umgebaut hatten, einen Folgeauftrag erhielten. Diesmal lag die Immobilie allerdings noch etwas weiter von ihrem Kölner Büro entfernt: auf einer ostfriesischen Insel, in malerischer Umgebung inmitten von Dünen und Wattwiesen.

Dort hatte das Bauherrenpaar ein altes Ferienhaus erworben, das mehrere Generationen lang einer einheimischen Großfamilie gehört hatte. Der unprätentiöse, aber charmante eingeschossige Bau mit Klinkerfassade und rot gedecktem Dach war von seinen früheren Bewohnern im Lauf der Jahrzehnte immer wieder verändert, umgebaut und erweitert worden – was einen extrem kleinteiligen und verschachtelten Grundriss zur Folge hatte. »Ein Labyrinth aus engen Kammern niedriger Höhe, das trotz der großen Grundfläche nur schwer gesamtheitlich nutzbar war«, wie Götz seinen ersten Eindruck beschreibt. Aufgabe des Architektenteams war es daher, dieses Raumkonglomerat mit gezielten Eingriffen wieder zu entflechten, den Grundriss neu zu organisieren und auch optisch für mehr Großzügigkeit zu sorgen.

Betrachtet man heute das Haus von außen, scheint sich an dem gut hundertjährigen Gebäude fast nichts verändert zu haben, nur die großen, unproportionierten Gauben und ein Gartenhaus wurden zurückgebaut. In seinem Innern ist es jedoch kaum wiederzuerkennen: »Die Räume sind großzügig dimensioniert statt erdrückend, der gesamte Innenausbau und alle Oberflächen wurden erneuert«, erläutert das Planerteam. Am deutlichsten sind die Veränderungen im Wohnbereich, der sich auf die Seeseite orientiert. Durch den Wegfall störender Trennwände entstand hier ein fließendes Raumkontinuum, das sich über die gesamte Gebäudelänge erstreckt – von der Küche im Osten über den zentralen Essplatz und das anschließende Lesezimmer bis hin zu einer gemütlichen Sofalandschaft mit Kamin im Westen. Bei aller Offenheit sollte jedoch kein loftähnlicher Eindruck entstehen. Die verschiedenen Raumzonen bleiben daher ablesbar, Nischen und Sitzmöglichkeiten schaffen individuelle Rückzugsbereiche.

Ein pyramidenförmiger Deckenausschnitt über dem Essplatz öffnet den Allraum zudem bis unter das Dach und sorgt – ähnlich wie ein Lichtkamin – für zusätzliche Helligkeit von oben. Dies schmälert zwar die Wohnfläche in der Dachetage, doch dank der klugen Neuorganisation des Grundrisses ließen sich alle wichtigen Aufenthaltsräume ohnehin bequem im Erdgeschoss unterbringen: Der Spitzboden dient nur noch als Spielzimmer und wird durch platzsparende Sambatreppen erschlossen. Auch im übrigen Haus wurden zahlreiche Trennwände versetzt oder entfernt, Funktionsbereiche getauscht oder geändert, sodass wohlproportionierte Räume und moderne Bäder entstanden.

Zur ebenso stimmigen wie behaglichen Wohnatmosphäre trägt vor allem der homogene Innenausbau bei. Wandverkleidungen aus hellem Ahornholz prägen überall den Raumeindruck – und verbinden auf elegante Art das Schöne mit dem Nützlichen: Da es der Baufamilie ein besonderes Anliegen war, die Energieeffizienz des Bestands zu verbessern, sollte nicht nur die Heizung ausgetauscht, sondern auch das Gebäude besser isoliert werden. Eine Außendämmung der Klinkerfassade kam jedoch nicht infrage, weshalb die Wände von innen gedämmt werden mussten – und die kaschierende Auskleidung aus Ahornholz zu einem zentralen Entwurfsmotiv wurde. Zusammen mit den maßgefertigten Schreinermöbeln sowie den durchgängig verlegten langen Eschendielen fühlt man sich hier fast wie in einem Schiffsrumpf oder in einer Kajüte – passend zu Ort und Landschaft. Aus der allumfassenden Holzbekleidung sticht nur die farbige Küchenwand deutlich hervor, die mit ihrem kobaltblauen Anstrich für einen kräftigen Akzent sorgt und den markanten Endpunkt der Blickachse im Wohnbereich bildet.

Links oben Ein pyramidenförmiger Deckenausschnitt öffnet den Allraum in der Vertikalen bis unters Dach und lässt zusätzliches Tageslicht von oben hereinfallen.

Links unten An die offene Küche schließt sich im Osten ein kleiner Frühstücksplatz an. Kobaltblau gestrichene Wände sorgen für einen kräftigen Farbakzent.

Rechts Mit einer Glasschiebetür lässt sich das Kaminzimmer je nach Bedarf vom Gemeinschaftsbereich abteilen, ohne den offenen Raumfluss optisch zu unterbrechen.

Unten beide Die Sambatreppe führt zu den Spielzimmern unterm Dach. Wandverkleidungen aus Ahorn prägen den Raumeindruck und verbergen die neue Innendämmung.

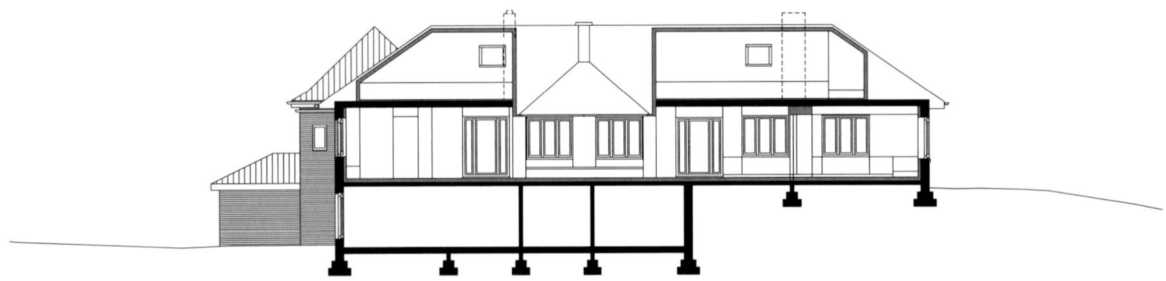

Schnitt

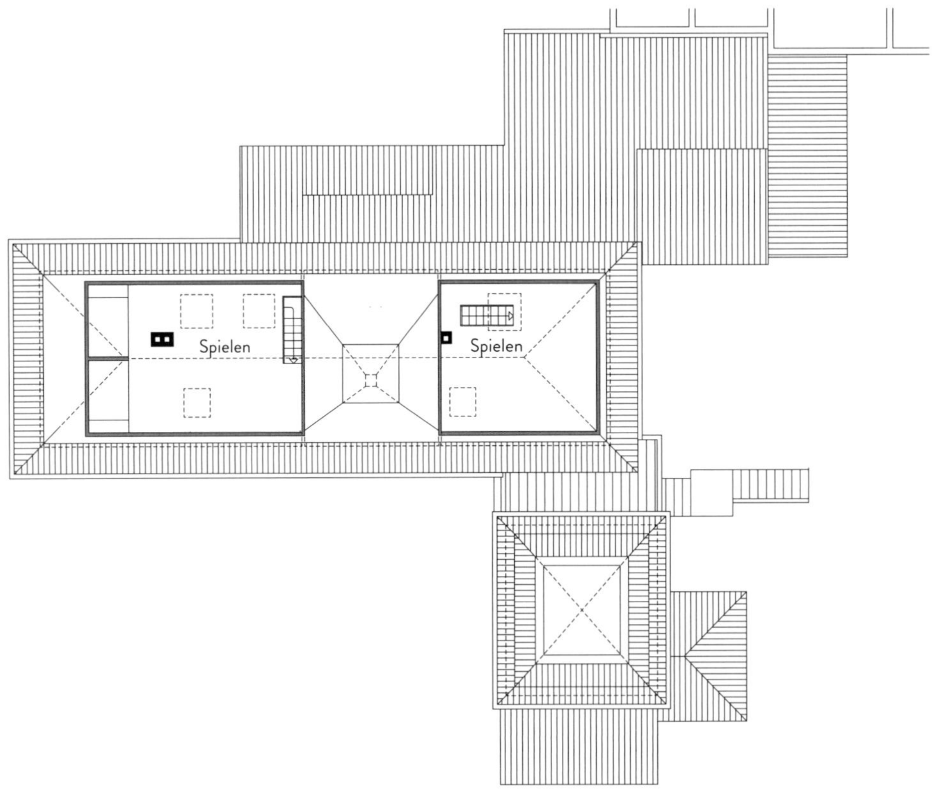

Dachgeschoss

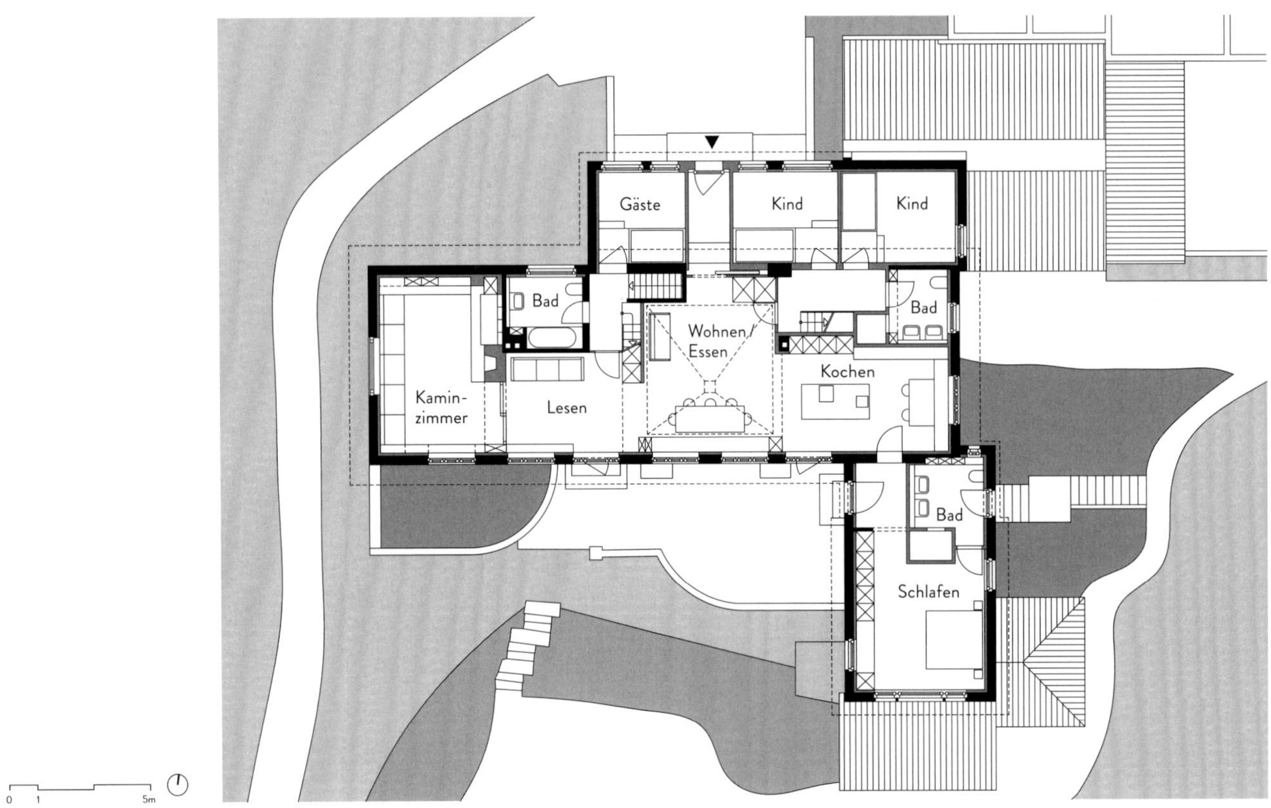

Erdgeschoss

Kurzporträt

» Renovierung und Umbau eines Ferienhauses unter Beibehalt seines äußeren Erscheinungsbildes

» Grundriss mit Wanddurchbrüchen gelichtet und neu organisiert

» Küche, Ess- und Wohnbereich zu Raumkontinuum zusammengefasst

» Deckenausschnitt über dem Essplatz für optische Großzügigkeit und zusätzlichen Lichteinfall von oben

» Rückbau der Gauben, neue Dachflächenfenster

» Energetische Ertüchtigung, Innendämmung des Mauerwerks

» Homogener Innenausbau in Holz mit Wandverkleidungen und maßgefertigten Schreinermöbeln

Gebäudedaten

Grundstücksgröße: 1.650 m²
Wohnfläche: 218 m²
Zusätzliche Nutzfläche: 76 m²
Anzahl der Bewohner: 5 + Gäste
Bauweise: massiv, zweischaliges Mauerwerk mit Luftschicht und Innendämmung
Fassade: Klinker
Energiekonzept: Wärmepumpe unter Erhalt der Gasheizung für Spitzenzeiten, Kaminofen im Wohnbereich
Heizwärmebedarf: 25,2 kWh/m²a
Primärenergiebedarf: 45,4 kWh/m²a
Baujahr Bestand: Anfang des 20. Jahrhunderts
Fertigstellung Umbau: 2023

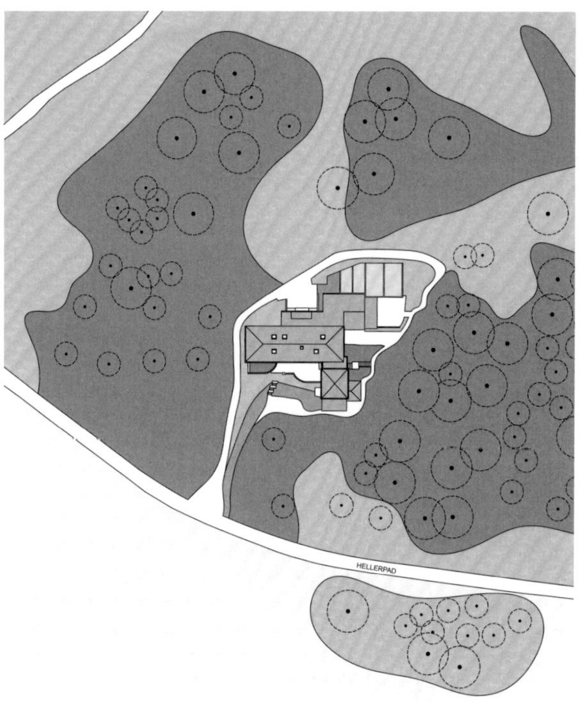

Lageplan

Johannes Götz und Guido Lohmann

» Äußerlich steht das Haus fast unverändert da, innen jedoch zeigt es sich wie verwandelt: Die Räume sind großzügig dimensioniert statt erdrückend, der gesamte Innenausbau und alle Oberflächen wurden erneuert. «

1A

Auszeichnung

KLARE VERHÄLTNISSE

Haus Dubro in Berlin-Zehlendorf

Studio Loes

Vorherige Doppelseite Hinter der dunklen Außenhaut aus Schieferschindeln verbergen sich helle offene Räume: Der Grundriss wurde entkernt und neu organisiert.

Links Das Haus aus dem Jahr 1972 war nach längerem Leerstand zunehmend verfallen, durch die hölzerne Vorhangfassade wucherten bereits die Pflanzen herein.

Rechts oben Die charakteristische Fensteraufteilung der Gartenfassade aus Sichtbeton blieb erhalten, eine neue Schiebetür führt auf die vorgelagerte Terrasse.

Rechts unten Die Küche, die zuvor ein abgeteilter, kleiner Raum war, wurde auf die Südseite verlegt und orientiert sich mit dem Essplatz auf den Garten.

Zehlendorf im Berliner Südwesten gehört zu den gehobenen Wohnlagen der Hauptstadt und ist vor allem für seine schöne grüne Umgebung bekannt. Die Natur hatte hier auch bereits begonnen, sich das seit Längerem leerstehende Reihenhaus aus den 1970er-Jahren zurückzuerobern: Durch die dünne hölzerne Vorhangfassade an der Straße wucherten bereits die Pflanzen herein. Auch sonst wirkte die sichtlich heruntergekommene Immobilie auf potenzielle Kaufinteressenten eher abschreckend. Doch schließlich fanden sich neue Eigentümer, die den verlassenen Bau aus seinem Dornröschenschlaf weckten und dem Studio Loes die Sanierung übertrugen.

Die Vorbesitzer hatten das Haus zuletzt nicht nur völlig verfallen lassen, sondern zwischenzeitlich auch mit unzähligen Einbauten verunstaltet, sodass es innen »total dunkel und verbastelt« wirkte, wie der Architekt Lukas Specks rückblickend feststellt. Dass der Bau trotz seines desolaten Zustands viel räumliches Potenzial besaß, hatte das Planerteam mit geschultem Auge jedoch rasch erkannt: allem voran die solide Grundstruktur aus Betonschotten und -stützen, sowie der ursprünglich kompakte und klug angelegte Grundriss in Split-Level-Bauweise. Diese Qualitäten galt es nun wieder herauszuarbeiten, die vorhandenen Strukturen freizulegen sowie mit gezielten Eingriffen für mehr Licht, Luft und eine klare Linie zu sorgen.

»Alles raus, was nicht notwendig ist«, lautete daher die Devise für den anschließenden Umbau. Sämtliche Verkleidungen wurden entfernt, bis der rohe Estrich am Boden und der Beton an den Decken wieder zum Vorschein kam – und dabei auch die Spuren früherer Nutzungen ablesbar wurden. Auch nachträgliche Einbauten und Trennwände in Trockenbauweise wurden herausgenommen, um die einst großzügigen Raumzusammenhänge und durchgehenden Sichtachsen wiederherzustellen.

Nachdem der Grundriss bereinigt und auf seine ursprüngliche Form zurückgeführt war, bedurfte er nur noch weniger Korrekturen und Eingriffe: Die Küche auf der Nordseite, die – wie für die Entstehungszeit typisch – als abgetrennter, kleiner Raum konzipiert war, wurde von ihrer bedrückenden Enge befreit. Sie wechselte auf die Gartenseite im Süden und ist nun Teil des großen, zusammenhängenden Wohn- und Essbereichs. Im Souterrain entstand anstelle der Einliegerwohnung ein geräumiger Arbeits- und Gästebereich mit neuem Bad samt Sauna.

Sowohl bei der Gestaltung der Fassaden als auch des Interieurs griffen die Architekten die charakteristische Farbpalette der Siebziger Jahre wieder auf. So werden etwa weiß gestrichene Sichtbetonelemente und fugenloser Betonboden durch kräftige Akzente wie gelben türkischen Marmor oder orangefarbene Armaturen und Beschläge kontrastiert. Um das schmale Baubudget zu schonen und nicht unnötig Material zu verschwenden, wurden vorhandene, noch intakte Elemente und brauchbare Bauteile aufgearbeitet und soweit möglich wiedereingebaut. Etwa die alten Radiatoren, die sich deutlich von den neuen Heizkörpern im Industrielook abheben. Aber auch Materialien und Objekte aus anderen Umbauvorhaben der Architekten finden sich hier in neuem Kontext wieder – beispielsweise die Terrazzofliesen im Bad oder Teile der Kücheneinrichtung.

Ähnlich kosten- und ressourcensparend ging das Planerteam bei der energetischen Ertüchtigung des Hauses vor: Statt die alten Fenster zu entsorgen, wurden nur die Scheiben durch Isolierglas ausgetauscht, die Dichtungen erneuert – und die noch gut erhaltenen massiven Holzrahmen abgeschliffen und lackiert.

Zudem erhielten die Außenwände an kritischen Stellen eine Innendämmung, etwa im Bereich der mit Schieferschindeln verkleideten Vorhangfassade an der Straßenseite. Darüber hinaus hilft eine smarte Heizungssteuerung, die Energieeffizienz der vorhandenen Brennwerttherme zu verbessern.

Mit begrenztem Budget, vielen guten Ideen und einer gehörigen Portion Pragmatismus ist hier auf kompakter Fläche ein zeitgemäßes Familiendomizil entstanden – mit einer gelungenen Mischung aus Alt und Neu und einem ganz individuellen Charme.

Oben Mehr Durchblick: Die störenden Trennwände wurden entfernt, sodass eine durchgehende Sichtachse über die gesamte Tiefe des Gebäudes entstanden ist.

Rechts oben Bedingt durch den Split-Level-Grundriss liegen Essküche und Wohnbereich auf versetzten Ebenen. Eine Treppe führt hinab zum Eingangsbereich im Norden.

Rechts unten Starke Akzente in leuchtendem Orange: Heizkörper und Armatur im Bad greifen die charakteristische Farbpalette der 1970er-Jahre wieder auf.

Marlboro

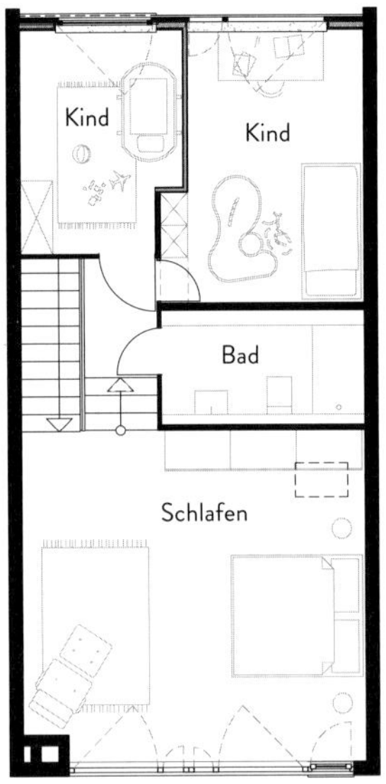

Obergeschoss

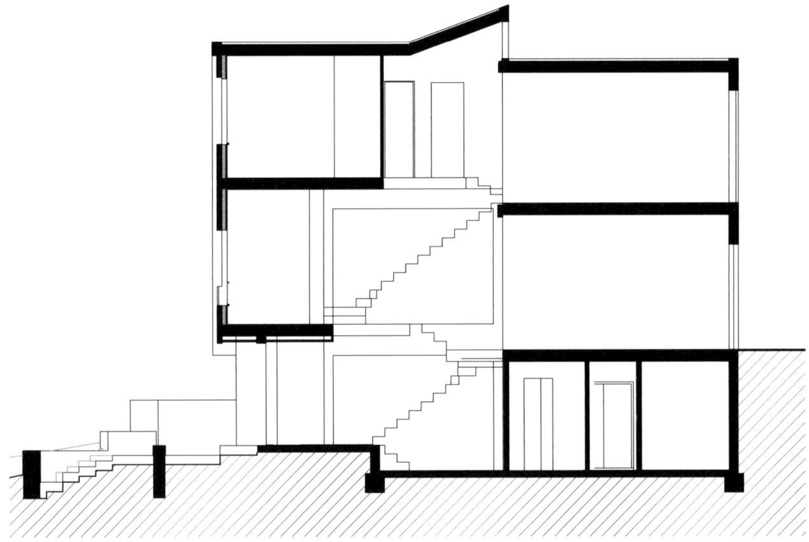
Schnitt

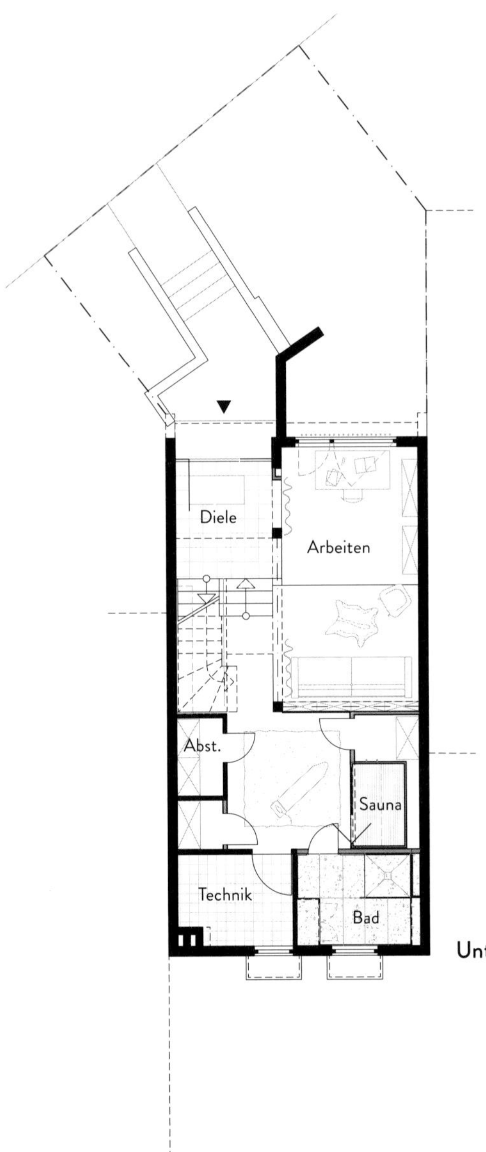

Untergeschoss

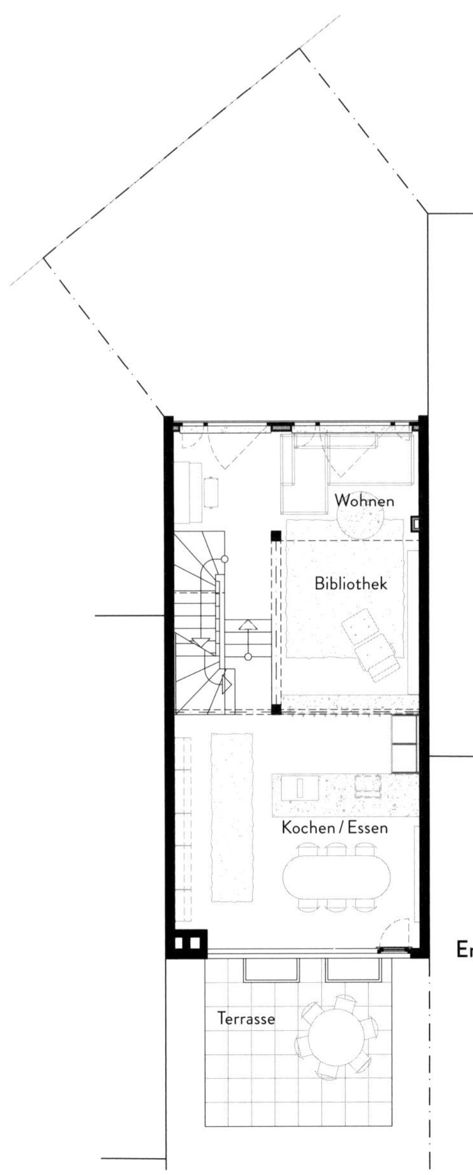

Erdgeschoss

Kurzporträt

- Revitalisierung, Kernsanierung und Umbau eines Reihenhauses aus den 1970er-Jahren unter Erhalt seines bauzeittypischen Charakters
- Entfernen aller nachträglichen Einbauten und Verkleidungen, Rückführen auf den Originalzustand
- Tragstruktur aus Schotten und Stützen freigelegt und sichtbar belassen
- Wiederherstellen des ursprünglichen Grundrisses in Split-Level-Bauweise
- Küche auf die Gartenseite verlegt
- Farbpalette der Entstehungszeit bei Fassaden- und Innenraumgestaltung wieder aufgegriffen
- Energetische Ertüchtigung
- Kosten- und ressourcenschonendes Bauen, Wiederverwendung vorhandener Materialien und Bauteile

Gebäudedaten

Grundstücksgröße: 300 m²
Wohnfläche vorher/nachher: 110 m²/135 m²
Zusätzliche Nutzfläche vorher/nachher: 80 m²/55 m²
Anzahl der Bewohner: 4
Bauweise: Stahlbetonkonstruktion (Bestand), Ausbau in Trockenbauweise
Fassade: Vorhangfassade mit Schiefer-Schindeln (Eingangsseite), Sichtbeton (Gartenseite)
Baukosten gesamt: ca. 100.000 Euro
Energiekonzept: Gas-Brennwerttherme (Bestand), smarte Heizungssteuerung
Baujahr Bestand: 1972
Fertigstellung Umbau: 2023

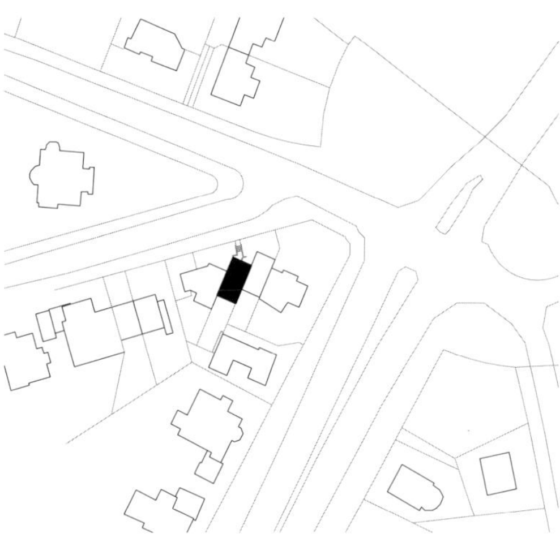

Lageplan

Gonzalo Lizama, Onur Özdemir und Lukas Specks, Studio Loes

» Die reduzierte Grundstruktur aus Schotten und Stützen wurde offengelegt, um großzügige und lichtdurchflutete Räume zu schaffen. «

Auszeichnung

WUNDERBAR WOHNLICH

Haus No. 8 in Belfast / Nordirland (Vereinigtes Königreich)

Hutch

Man brauchte schon etwas Fantasie, um das Potenzial dieser Immobilie zu erkennen: Von der einstigen Pracht des viktorianischen Stadthauses im Süden von Belfast war nach zahllosen Umbauten und unsachgemäßen Renovierungen nicht mehr viel übrig. Vor allem, nachdem der Vorbesitzer das Gebäude in den 1950er-Jahren etagenweise in drei separate Wohnungen aufgeteilt hatte. Dabei waren nicht nur viele originale Einbauten und Details zerstört worden – das Haus hatte seither auch einen schachtelartigen Grundriss mit engen Räumen, dunklen Fluren sowie mehreren kleinen Küchen und Bädern. Hinzu kamen schwerwiegende Mängel an der historischen Substanz, von Feuchteschäden im Erdgeschoss bis hin zu klaffenden Löchern im Schieferdach.

Für den Londoner Architekten Craig Hutchinson und seine Auftraggeber, ein Paar mit drei kleinen Kindern, wurde der Umbau daher zu einem Mammutprojekt – und zu einer Geduldsprobe: Gut drei Jahre dauerte es, bis sich das marode Gebäude in ein komfortables, zeitgemäßes Wohnhaus verwandelt hatte. Zudem steht der Altbau unter Ensembleschutz, sodass enge Abstimmungen mit der Denkmalbehörde erforderlich waren, insbesondere was das äußere Erscheinungsbild betraf. »Die Backsteinfassade, die Erker- und Holzschiebefenster und sogar die Schornsteine mussten restauriert oder originalgetreu rekonstruiert werden«, wie Hutchinson erklärt.

Von außen lässt sich heute kaum erahnen, wieviel Arbeitszeit und Handwerkskunst in der aufwendig sanierten Fassade steckt. Doch bei allem Hang zur Tradition sollte hier kein Museumsstück entstehen, sondern ein alltagstaugliches Zuhause für eine Familie. Im Innern hat der Architekt die Grundrisse daher auf allen drei Etagen bereinigt, Trennwände entfernt oder versetzt und den Bestand mit gezielten Eingriffen an die Bedürfnisse seiner neuen Bewohner angepasst. Wobei die größten Veränderungen im Erdgeschoss stattfanden: Die Treppe wurde von der Gebäudemitte an die westliche Außenwand neben den Eingang verlegt, sodass die Küche weiter ins Zentrum rücken konnte – und mit Kochinsel und Bartresen nun der kommunikative Mittelpunkt des Hauses ist. Von hier aus hat man alles im Blick: vom offenen Wohnbereich an der Zufahrtsseite im Süden über den Essplatz hinweg bis in den neu gestalteten Innenhof an der Grundstücksgrenze im Norden. Dieser hat sich von einer verwahrlosten Abstellfläche in eine kleine grüne Oase verwandelt, die als Freiluftzimmer und Spielzone zugleich dient.

Auch sonst war es der Baufamilie wichtig, dass Eltern und Kinder über alle Geschosse hinweg stets in Sichtkontakt miteinander bleiben. Ein breiter Deckenausschnitt im Wohnbereich sorgt nicht nur optisch für mehr Großzügigkeit, sondern auch für direkte Blickbezüge zum Home-Office auf der Galerie. Ebenso sind die beiden oberen Etagen mit den privaten Zimmern und Bädern über doppelstöckige Lufträume und durchgehende Sichtachsen miteinander verbunden. Dachflächenfenster sorgen zudem für angenehme Helligkeit und lassen das Tageslicht tief ins Gebäudeinnere vordringen.

Zur unverwechselbaren Wohnatmosphäre trägt vor allem der Innenausbau bei, der hier bis ins kleinste Detail sorgsam durchgeplant ist, zumal Hutchinson nicht nur Architekt, sondern auch Interiordesigner ist. Stauflächen und Schränke sind dezent in die Architektur integriert, Nebenräume liegen verborgen hinter wandbündigen Türen – als Reminiszenz an die Erbauungszeit des Hauses und die früheren Geheimtüren zu den Dienstbotenzimmern. Alt und Neu treffen überall spannungsvoll aufeinander: Historische Säulenheizkörper, dekorative Stuckornamente und restaurierte Kiefernholzdielen stehen maßgefertigten Möbeleinbauten, modernen Designklassikern und ikonischen Sammlerstücken gegenüber. Natürliche Materialien wie Holz, Marmor oder Stein sowie Wandfarben und Wohntextilien in dezenten Tönen lassen einen ruhigen Hintergrund für das Familienleben entstehen. In den Kinderzimmern hingegen sorgen Pastellfarben für fröhliche Akzente. »Wir wollten, dass das Haus durchdacht, aber nicht starr wirkt – vielschichtig, persönlich und zeitlos zugleich«, fasst der Architekt zusammen.

Vorherige Doppelseite Das Erdgeschoss hat sich in ein lichtdurchflutetes Raumkontinuum verwandelt, im Innenhof ist eine sichtgeschützte grüne Oase entstanden.

Links beide Der Hof auf der Rückseite war zuvor eine verwahrloste Abstellfläche. Im Zuge des Umbaus wurde auch die historische Fassade denkmalgerecht saniert.

Oben Der Wohnbereich orientiert sich auf die Zugangsseite. Ein Deckenausschnitt weitet den Raum in der Vertikalen und stellt den Sichtkontakt zur Galerie her.

Rechts Über einen Durchgang mit Rundbogen gelangt man vom Entree direkt in den neu gestalteten Wohnbereich. Die kassettierte Tur rechts führt zum Kaminzimmer.

Oben Das Kaminzimmer ist vom Allraum abgeteilt und wirkt wesentlich introvertierter. Natürliche Materialien und dezente Farben sorgen für behagliches Flair.

Rechts oben Der Innenausbau ist wichtiger Teil des gestalterischen Gesamtkonzepts: Schränke, Stauräume und Regale sind überall in die Architektur integriert.

Rechts unten beide Ein zweistöckiger Luftraum holt viel Tageslicht in den Flur im Obergeschoss. Im Hintergrund blickt man zum Home-Office auf der Galerie.

Links Maßgefertigte Möbeleinbauten tragen auch im Kinderzimmer in der Dachetage zum aufgeräumten Eindruck bei. Pastellfarben sorgen für fröhliche Akzente.

Rechts Die Arbeitsgalerie im Dachgeschoss ist über einen Luftraum mit dem darunterliegenden Flur verbunden. Eine Glasbrüstung sorgt für Blicktransparenz.

Unten links Der präzise geplante, handwerklich hochwertige Innenausbau setzt sich im Bad fort, das mit Marmorwaschtisch und Messingarmaturen ausgestattet ist.

Unten rechts In den oberen Etagen wurden die alten Kiefernholzdielen restauriert und tragen zum unverwechselbaren Wohnambiente bei, wie hier im Elternzimmer.

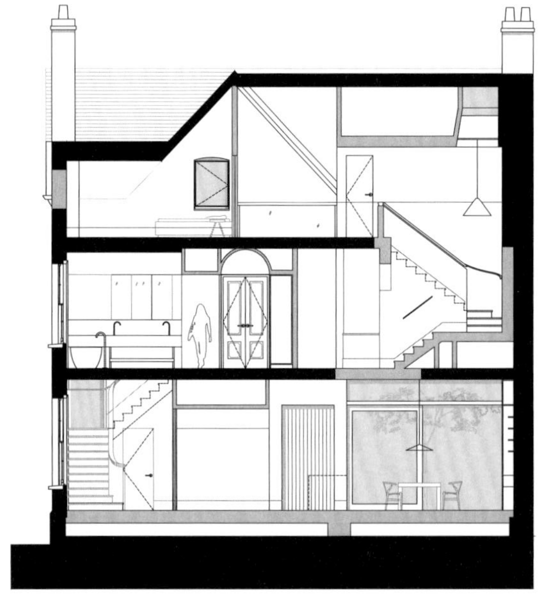

Schnitt

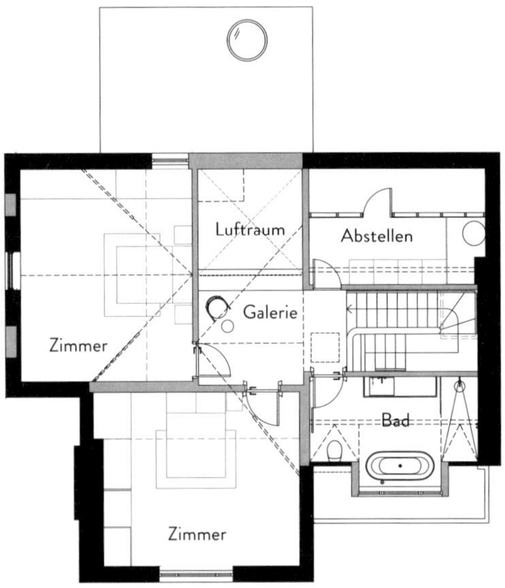

Dachgeschoss

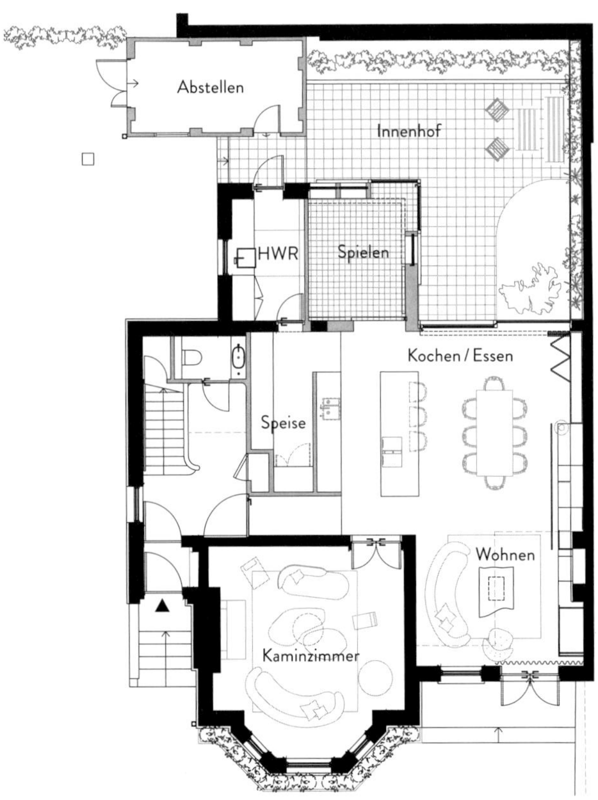

Erdgeschoss

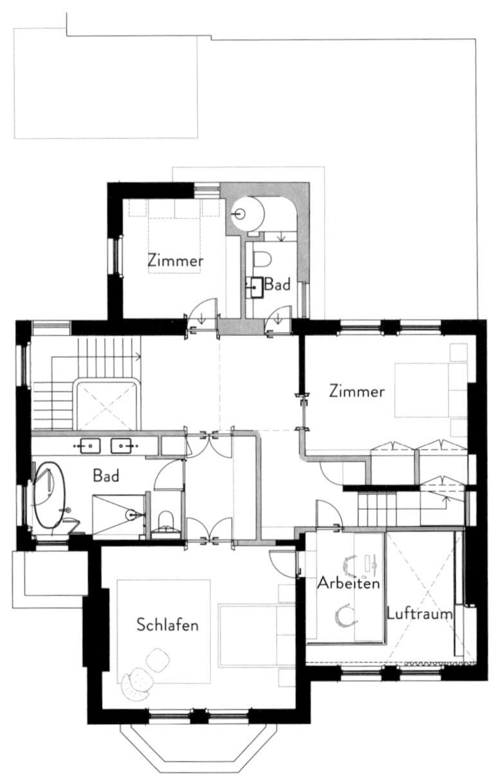

Obergeschoss

Kurzporträt

- Sanierung und Umbau eines historischen Stadthauses unter Beibehalt seines äußeren Erscheinungsbildes
- Originalgetreue Restaurierung der Fassade
- Energetische Ertüchtigung des Bestands
- Grundriss entkernt und neu organisiert
- Treppenhaus verlegt, Erdgeschoss als Raumkontinuum mit offener Küche im Zentrum
- Durchgehende Sichtachsen und doppelstöckige Lufträume für optische Großzügigkeit
- Geschickte Tageslichtregie
- Neugestaltung der Außenanlagen, Gartenhof als sichtgeschütztes Freiluftzimmer
- Homogener, handwerklich hochwertiger Innenausbau mit wenigen Farben und natürlichen Materialien

Gebäudedaten

Grundstücksgröße: ca. 605 m²
Wohn- und Nutzfläche: 380 m²
Anzahl der Bewohner: 5
Bauweise: massiv, Mauerwerk mit Innendämmung
Fassade: Backstein-Sichtmauerwerk und Kalkputz
Energiekonzept: Gastherme, Fußbodenheizung und Radiatoren, spätere Umrüstung auf Luftwärmepumpe vorgesehen
Baujahr Bestand: um 1920, Aufteilung in 3 Wohneinheiten 1950/60er-Jahre
Fertigstellung Umbau: 2023

Lageplan

Craig Hutchinson

» Ziel war es, Vergangenheit und Gegenwart in Einklang zu bringen: ein Zuhause zu schaffen, das das historische Erbe würdigt und zugleich den Anforderungen eines heutigen Familienlebens gerecht wird. «

Auszeichnung

REVOLUTION VON INNEN

Haus in Espinho (Portugal)

depA architects

Leerstehende, verfallene Gebäude mit zerbrochenen Fenstern, zugemauerten Fassaden oder undichten Dächern gehören in vielen portugiesischen Städten nach wie vor zum Straßenbild. Es sind Häuser, die auf bessere Zeiten warten – oder eines Tages komplett abgerissen und durch einen gesichtslosen Neubau ersetzt werden. Auch das ruinöse Eckgebäude in einem Wohnviertel von Espinho, einer Kleinstadt südlich von Porto, schien so ein hoffnungsloser Fall zu sein. Allerdings ließen sich die neuen Eigentümer vom desolaten Zustand der Immobilie nicht abschrecken und beauftragten das Büro depA architects mit deren Umbau, auch um den Bestand soweit noch möglich zu erhalten.

Viel war von der abbruchreifen Substanz allerdings nicht mehr zu retten. Hinzu kam, dass der kleinteilige Grundriss des 1950er-Jahre-Baus weder dem Raumbedarf noch den Wohnvorstellungen der jungen Familie entsprach. Auch deswegen entschieden sich Architekten und Auftraggeber schließlich, das Gebäude zu entkernen und nur die Außenwände stehen zu lassen. Auf diese Weise blieb zumindest die charakteristische, reliefartig gegliederte Fassade mit ihrer abgerundeten Gebäudeecke im städtebaulichen Kontext erhalten – und damit auch die Erinnerung an das ursprüngliche Haus bewahrt.

Die neuen Wohnräume wurden anschließend als dreigeschossige Sichtbetonkonstruktion wie ein Implantat passgenau zwischen die alten Umfassungsmauern eingefügt und scheinen nun buchstäblich aus ihnen herauszuwachsen. Dabei überragt der massive Betonbau den Bestand um eine Etage und bietet nicht nur zusätzliche Wohnfläche, sondern auch weitere Vorteile: Dank der neuen stabilen Tragstruktur war es möglich, Grundriss und Erschließung komplett zu ändern. Zudem setzte das Architektenteam den Baustoff mit seinen plastischen Eigenschaften und haptischen Oberflächen auch ganz bewusst im Gebäudeinnern als gestalterisches Element zur Raumgliederung ein: Während Eingangsbereich, Flure und Treppenhaus mit ihrem brettergeschalten Beton roh und robust anmuten, heben sich die Aufenthaltsräume mit glatt geschalten Decken und weiß gestrichenen Wänden deutlich davon ab.

Man betritt das Haus von Westen, wo sich das Entree rechter Hand trichterförmig zu einem leicht abgesenkten, loungeartigen Wohnbereich aufweitet, der den Blick gezielt nach draußen lenkt: Eine deckenhohe, durchlaufende Glasfront erweitert den Raum fließend in das kleine Atrium auf der Südseite. Es verbirgt sich hinter der umlaufenden Grundstücksmauer und dient als Lichthof, Gartenersatz und zusätzliches Zimmer im Freien zugleich. Die enge Verbindung von Innen- und Außenraum prägt auch die Atmosphäre in der darüberliegenden Etage. Mit dem Wohnzimmer und der geräumigen Essküche bildet sie das kommunikative Zentrum des Familienlebens. Eine Fenstertür führt von hier zum Flachdach der Lounge, das eine großzügige Terrassenplattform bildet. Diese ist über eine Freitreppe mit dem Atrium im Erdgeschoss verbunden. Von einem luftigen Freisitz profitieren auch die Schlafzimmer im Dachgeschoss, denen ein gebäudebreiter Südbalkon vorgelagert ist.

Der Innenausbau geriet betont unprätentiös und beschränkt sich auf wenige Farben und Materialien. Dabei werden die harten Texturen des Sichtbetons überall durch Oberflächen aus warmtonigem Holz kontrastiert, das für eine wohnliche Atmosphäre sorgt: Sämtliche Einbaumöbel, alle Innentüren sowie das durchgängig verlegte Fischgrätparkett sind aus portugiesischem Kastanienholz – einem robusten und langlebigen Material, das in Farbe und Maserung der Eiche ähnelt.

Zum angenehmen Raumklima trägt die massive, monolithische Bauweise dank ihrer hohen thermischen Speichermasse bei: »Auch im heißen portugiesischen Sommer ist keine Kühlung erforderlich, eine kurze Querlüftung in der Nacht oder am frühen Morgen reicht aus«, wie das Planerteam erklärt.

Nach außen hin präsentiert sich das Haus mit frisch verputzter und gedämmter Bestandsfassade. Ihre reliefartige Gliederung ist eine Reminiszenz an den Altbau – der damit wieder zu einem Blickfang in der Straße geworden ist.

Vorherige Doppelseite Freisitze auf allen Ebenen verzahnen Innen- und Außenraum miteinander. Eine Betontreppe bindet die Terrasse vor der Küche an den Patio an.

Links beide Haus im Haus: Zwischen die Außenmauern des abbruchreifen Altbaus wurde die neue dreigeschossige Sichtbetonkonstruktion wie ein Implantat eingefügt.

Rechts oben In der Eingangsebene ist ein loungeartiger Aufenthaltsbereich entstanden, der sich mit einer deckenhohen Glasfront auf den Innenhof öffnet.

Rechts unten Roh belassener, brettergeschalter Beton prägt den Raumeindruck im Erdgeschoss und kontrastiert mit Fischgrätparkett aus portugiesischer Kastanie.

Unten Die Essküche liegt in der mittleren Etage. Maßgefertigte Möbeleinbauten aus lebhaft gemasertem Kastanienholz tragen zur wohnlichen Atmosphäre bei.

Rechts oben beide Der Wohnraum folgt mit seiner abgerundeten Ecke der bestehenden Außenwand. Das Kinderzimmer mit Südbalkon liegt in der neuen Dachetage.

Rechts unten beide Wandintegrierte Schränke schaffen Platz und sparen zusätzliche Aufbewahrungsmöbel. Eine Öffnung im Dach erhellt das Treppenhaus von oben.

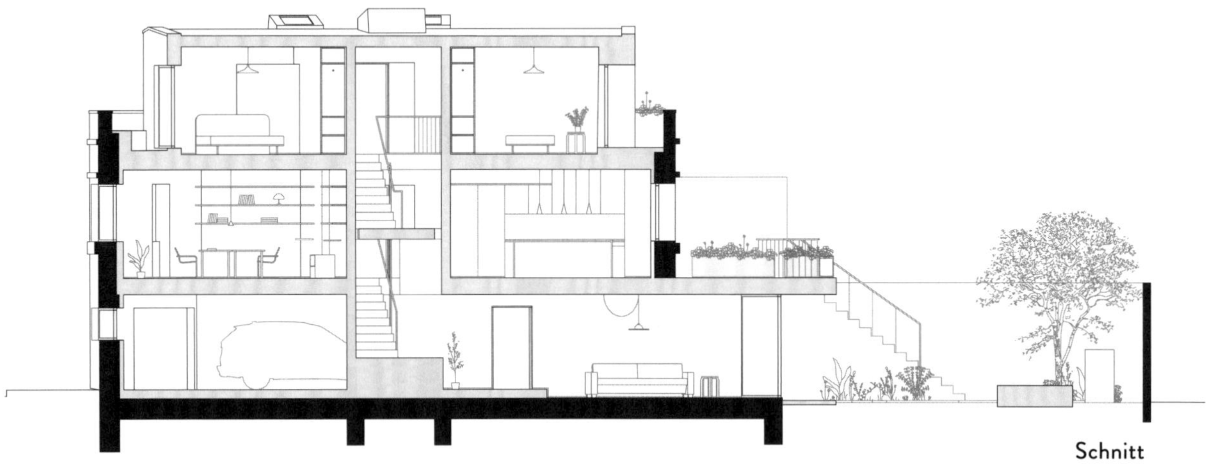

Schnitt

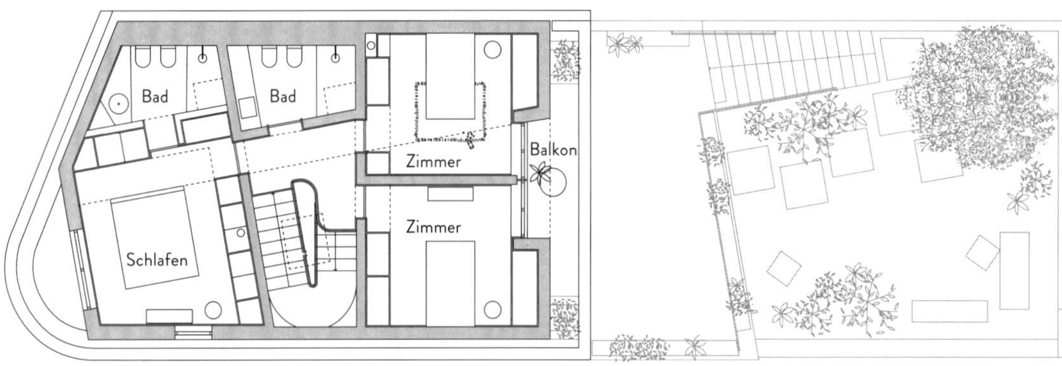

Dachgeschoss

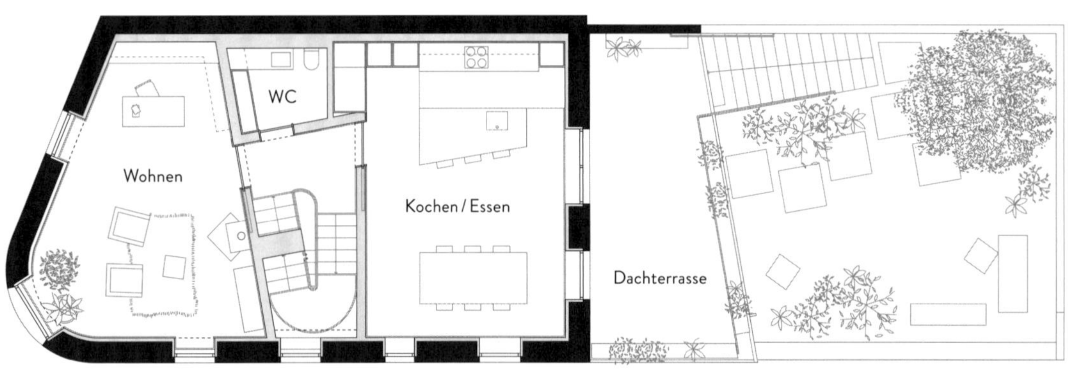

Obergeschoss

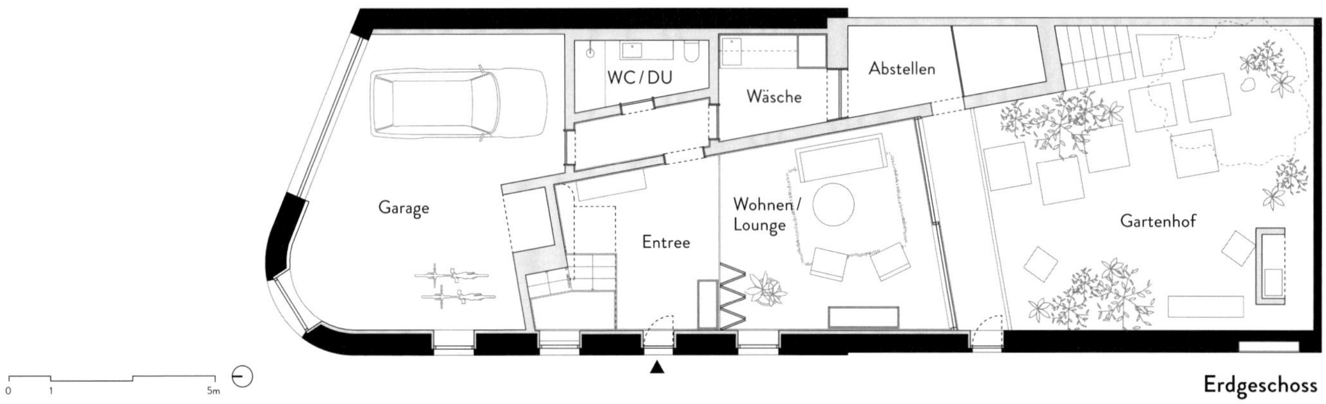

Erdgeschoss

Kurzporträt

- Umbau und Erweiterung eines leerstehenden, abbruchreifen Eckhauses
- Altbau entkernt, neue Sichtbetonkonstruktion als tragende Struktur in den Bestand eingefügt
- Massive monolithische Bauweise mit hoher thermischer Speichermasse
- Energetische Ertüchtigung und Rekonstruktion der reliefartigen Bestandsfassade
- Grundriss mit zentralem Treppenhaus neu organisiert
- Durchgehende horizontale und vertikale Sichtachsen für optische Großzügigkeit
- Enge Verbindung von Innen- und Außenraum auf allen Etagen: Atriumhof, Dachterrasse, Balkon
- Wenige robuste Materialien für Konstruktion und Innenausbau

Gebäudedaten

Grundstücksgröße: 193 m^2
Wohnfläche vorher/nachher: 175 m^2/258 m^2
Zusätzliche Nutzfläche nach Umbau: 30 m^2
Anzahl der Bewohner: 6
Bauweise: massiv, Mauerwerk und Holzkonstruktion (Bestand), Stahlbeton (Neubau)
Fassade: Putz auf Außendämmung (wiederhergestellte Fassaden), Sichtbeton (Neubau)
Energiekonzept: Wärmepumpe, Fußbodenheizung
Heizwärmebedarf: 35 kWh/m^2a
Primärenergiebedarf: 33 kWh/m^2a
Baujahr Bestand: vor 1951
Fertigstellung Umbau: 2024

Lageplan

Carlos Azevedo, João Crisóstomo und Luís Sobral, depA architects

» Eine neue Sichtbetonkonstruktion durchdringt das Haus von innen und fügt sich präzise zwischen die Fassaden des Bestands ein. «

Auszeichnung

KLEINE EINGRIFFE, GROSSE WIRKUNG

Haus am Wörthsee / Oberbayern

Buero Wagner

Das oberbayerische Fünfseenland südlich von München ist nicht nur ein beliebtes Ausflugsziel, sondern dank seiner Nähe und guten Anbindung an die Millionenmetropole auch als Wohnstandort sehr begehrt. Dementsprechend schwierig gestaltete sich die Immobiliensuche für die Bauherren: Hier bei begrenztem Angebot ein geeignetes Objekt zu finden, das von Lage, Preis und Größe ihren Vorstellungen entsprach, stellte eine besondere Herausforderung dar. Doch schließlich gelang es ihnen, am Ortsrand von Steinebach eine Doppelhaushälfte aus dem Jahr 2005 zu erwerben – noch dazu in schöner Umgebung und nur wenige Gehminuten vom Wörthsee entfernt.

Was Bausubstanz und Haustechnik betraf, war das vergleichsweise junge Gebäude – ein gepflegter, grundsolider monolithischer Bau aus Hochlochziegeln – in gutem Zustand. Zwar entsprach sein biederes Interieur gestalterisch nicht den Vorstellungen und Wohnbedürfnissen der jungen Familie, doch das weitaus größere Manko sah man der Immobilie nicht an: »Die Vorbesitzer hatten hier jahrzehntelang stark geraucht, der intensive Geruch hatte sich tief im gesamten Haus festgesetzt«, wie Architekt Fabian Wagner erläutert. Entsprechend groß waren auch die Bedenken seiner Auftraggeber, den störenden Geruch nicht vollständig beseitigen zu können.

Da die Bauherren von Anfang an den Wunsch geäußert hatten, bei der anstehenden Renovierung natürliche und wohngesunde Materialien zu verwenden, ergab sich rasch die Idee, die Innenräume komplett neu mit Lehm zu verputzen: einem diffusionsoffenen und feuchteregulierenden Baustoff, der nicht nur für ein angenehmes Raumklima sorgt, sondern auch Gerüche neutralisiert und Schadstoffe bindet. Und der darüber hinaus hier auch als gestalterisches Element gut zur Geltung kommt, indem er mit seiner matten Oberfläche und mineralischen Textur für ein individuelles Wohnambiente sorgt.

Die baulichen Eingriffe am Haus selbst sind auch angesichts des begrenzten Budgets »bewusst minimal gehalten«, wie Wagner erläutert. Um Wärmeverluste zu reduzieren, wurden sämtliche Fenster und Türen ausgetauscht, was zusammen mit den massiv gemauerten Außenwänden für gute Dämmwerte sorgt – auch ohne weitere Isolierung: »Wir wollten hier keine zusätzlichen Dämmschichten ›verkleben‹, auch um die positiven bauphysikalischen Eigenschaften des Ziegels nicht zu unterbinden«, erklärt der Architekt, der hier viel Wert auf eine diffusionsoffene Bauweise legte.

Die weitreichendsten Veränderungen fanden im Erdgeschoss statt, wo nach dem Wegfall der Trennwand zur Küche ein großzügiger zusammenhängender Koch-, Ess- und Wohnbereich entstanden ist – von dem aus man nun ungehindert ins Grüne blicken kann: Auf der Gartenseite, wo zuvor ein breiter Wandpfeiler die Aussicht verstellt hatte, gelangt man durch eine neue Glasschiebetür auf die vorgelagerte Terrasse. Niveausprünge tragen dazu bei, den offenen Allraum optisch zu gliedern: Der Wohnbereich liegt leicht erhöht auf einem Podest aus Eichenholz, zwei breite Sitzstufen führen weiter hinauf zu einer geschützten Rückzugsecke am Kaminofen.

Im Übrigen konzentrierte sich das Planerteam vor allem auf den Innenausbau, der betont reduziert und farblich dezent geriet. Dabei kamen vorwiegend regionale Materialien zum Einsatz, die auch einen Bezug zum Ort und zur Umgebung herstellen sollen: So erinnert etwa die beige-graue Farbe des Innenputzes an die lehmigen Böden des Fünfseenlands. Die Küchenarbeitsplatten sind aus Nagelfluh, einem Sedimentgestein aus Brannenburg im Inntal, der Muschelkalk im Bad wiederum stammt aus der Nähe von Ingolstadt. Sämtliche Möbeleinbauten sind aus heimischer Eiche und wurden nach Architektenentwurf maßgefertigt. Aus dem gleichen Holz sind auch die Dielenböden, während in Flur, Essküche und Bad heller Microzement als robuster Bodenbelag dient. Das homogene Wohnambiente lässt einen ruhigen Hintergrund für das Familienleben entstehen – zumal sich der frühere Rauchgeruch längst verflüchtigt hat.

Vorherige Doppelseite Nach dem Umbau hat die Doppelhaushälfte auch nach außen hin deutlich an Profil gewonnen. Im Innern sind lichte weite Räume entstanden.

Links beide Das Haus aus dem Jahr 2005 war baulich in gutem Zustand. Mit Sprossenfenstern und einem Interieur im Landhaus-Stil wirkte es jedoch reichlich bieder.

Oben Küche, Ess- und Wohnbereich gehen offen ineinander über. Eine neue breite Glasschiebetür sorgt für fließende Übergänge zwischen drinnen und draußen.

Rechts Die Einbauküche mit Eichenholzfronten wurde nach Entwurf des Architekten maßgefertigt. Die Arbeitsplatte ist aus Nagelfluh, einem Sedimentgestein.

Links oben Niveausprünge gliedern den offenen Raum. Der Wohnbereich liegt erhöht auf einem Eichenholzpodest, zwei Stufen führen zur Sitznische am Kaminofen.

Links unten Im Entree verschwindet die Garderobe hinter einem wandbündigen Einbauschrank. Lehmputz an Decken und Wänden sorgt für ein angenehmes Raumklima.

Rechts oben Klare Linien und reduzierte Formen prägen den Raumeindruck im Bad. Die Schreinereinbauten sind aus Eichenholz, der Waschtisch ist aus Muschelkalk.

Rechts unten Das Kinderzimmer liegt im Obergeschoss. Wenige Farben und natürliche Materialien tragen auch hier zum lichten und luftigen Raumeindruck bei.

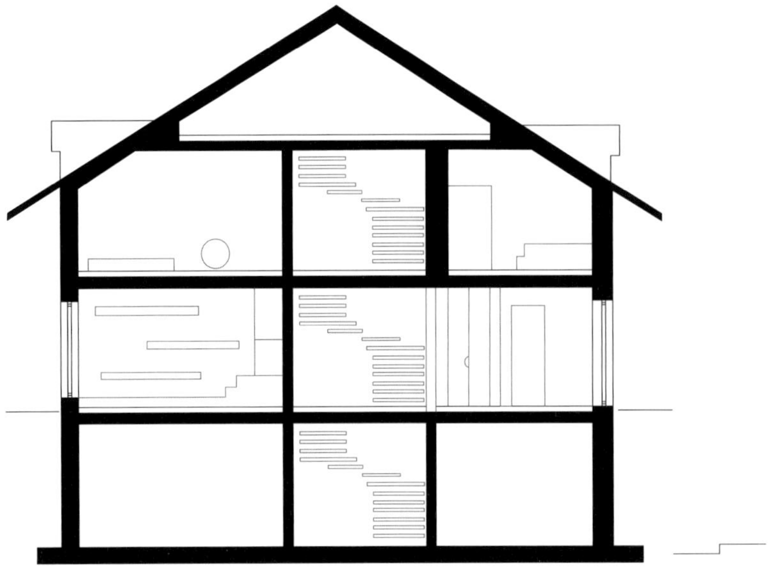

Schnitt

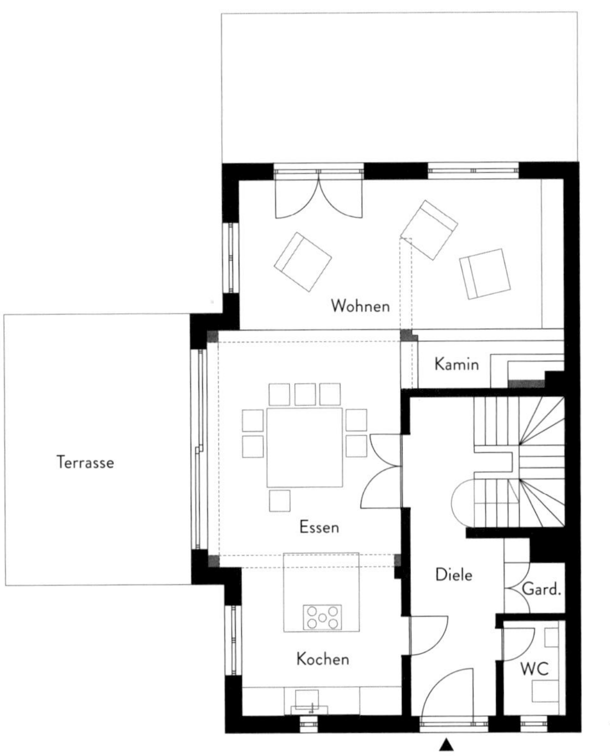

Erdgeschoss

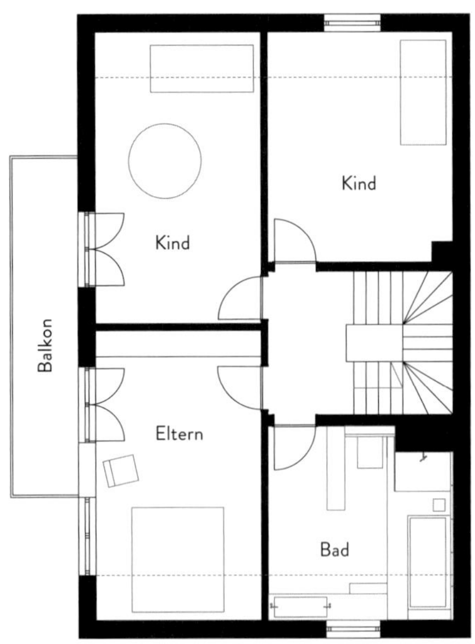

Obergeschoss

Kurzporträt

- » Renovierung und Umbau einer Doppelhaushälfte von 2005
- » Grundriss im Erdgeschoss zur Küche hin geöffnet
- » Optische Gliederung des Allraums durch Niveausprünge
- » Wandpfeiler in Ostfassade für breiteren Terrassenausgang entfernt
- » Energetische Ertüchtigung des Bestands, Einbau neuer Fenster
- » Mineralischer Lehmputz für verbessertes Raumklima
- » Einsatz natürlicher, biobasierter Baustoffe sowie Materialien mit regionalem Bezug
- » Homogener Innenausbau

Gebäudedaten

Grundstücksgröße: 350 m^2
Wohnfläche vorher/nachher: 179 m^2/180 m^2
Zusätzliche Nutzfläche: 80 m^2
Anzahl der Bewohner: 4
Bauweise: massiv, Mauerwerk (Hochlochziegel), Decken und Keller Stahlbeton
Fassade: Münchner Rauputz, grau gestrichen
Energiekonzept: Bestandsheizung, Nachrüstung mit Luftwärmepumpe und Photovoltaikanlage vorgesehen, Kaminofen im Wohnraum
Heizwärmebedarf: 75 kWh/m^2a
Primärenergiebedarf: 85 kWh/m^2a
Baujahr Bestand: 2005
Fertigstellung Umbau: 2024

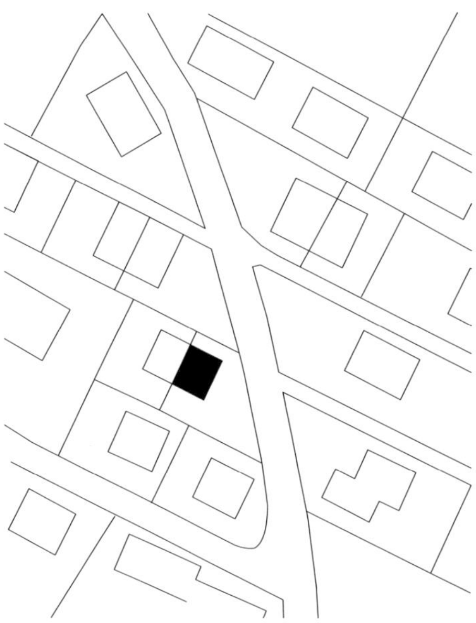

Lageplan

Fabian A. Wagner

» Gestalterisch fügt sich der Lehmputz mit seiner mineralischen Textur und seiner Farbigkeit zurückhaltend, aber wirksam in das architektonische Konzept ein. «

58

Auszeichnung

GETRENNT VEREINT

Haus in Kaimakli / Nikosia (Zypern)

Anastasiou Misseri

Der kleine charmante Altbau im historischen Kern von Kaimakli, einem Vorort der zypriotischen Hauptstadt Nikosia, hatte bereits Jahrzehnte lang leer gestanden, als die neuen Eigentümer ihn erwarben. Errichtet wurde er in den 1920er-Jahren am Rand einer Häuserzeile mit einstöckigen Gebäuden auf tiefen Gartengrundstücken. Dass der marode Zustand seiner Bausubstanz eine umfangreiche Sanierung notwendig machen würde, stand von Anfang an fest. Hinzu kam, dass das Gebäude mit seinen winzigen kabinettartigen Zimmern eine Wohnfläche von gerade einmal 80 Quadratmetern bot. Die Bauherren wünschten sich daher mehr Platz, vor allem eine größere Küche und Raum für gesellige Treffen mit Gästen.

In einem ersten Schritt sorgte das beauftragte Planerteam Michalis Anastasiou und Stephanie Misseri zunächst dafür, dass der Bestand unter Denkmalschutz gestellt wurde. Womit nicht nur dessen historische und baukulturelle Bedeutung dokumentiert war, sondern vor allem auch die aufwendigen Restaurierungsmaßnahmen mit staatlichen Mitteln gefördert werden konnten.

Dann führten die Architekten das alte Haus, das die Vorbesitzer im Lauf der Zeit durch diverse An- und Umbauten stark verändert hatten, zunächst wieder auf seine ursprüngliche klare Struktur zurück: »Der frühere Grundriss folgte einer für die Entstehungszeit charakteristischen Typologie mit einem zentralen Iliakos, einer Art Wintergarten, und angrenzenden Räumen.« Anschließend ließen sie das Gebäude mit traditionellen Bautechniken denkmalgerecht sanieren und statisch ertüchtigen. Originale Bauteile und Oberflächen – wie ein verzierter Gewölbebogen oder die gemusterten, handgefertigten Zementfliesen – wurden freigelegt und restauriert, dabei Fehlendes ergänzt oder nach historischem Vorbild neu angefertigt. Ebenso musste der Dachstuhl komplett ausgewechselt werden, wobei die alten Tonziegel zur Deckung wiederverwendet werden konnten.

Zur Straße hin präsentiert sich das Haus heute mit frisch verputzter Fassade und repräsentativem Eingangsportal, an das sich der ehemalige Iliakos anschließt. Dieser dient nun als Entree und großzügiger Essplatz zugleich, während die beiden angrenzenden Räume als Wohn- und Arbeitszimmer fungieren. Bereits beim Betreten des Hauses fällt der Blick durch einen Torbogen mit raumhoher Glasschiebetür in einen Innenhof und weiter auf einen Kubus im hinteren Grundstücksbereich. Diesen zweigeschossigen Anbau nimmt man von der Straße aus nicht wahr. Er ergänzt den kleinteiligen Bestand um eine geräumige Küche im Erdgeschoss sowie zwei Schlafzimmer mit Bad in der oberen Etage. Verbunden sind Alt und Neu über einen ebenerdigen, korridorartigen Trakt sowie ein zentrales Atrium, das als zusätzliches Zimmer im Freien dient. Da die angrenzende Küche an ihren beiden Stirnseiten großzügig verglast ist, ergibt sich eine durchgehende Sichtachse über die gesamte Tiefe des Grundstücks, die bis in den neu angelegten Garten auf der Ostseite reicht. Auf diese Weise entsteht nicht nur ein Gefühl von lichter Offenheit und Weite, sondern auch eine abwechslungsreiche Raumsequenz, die Innen und Außen eng miteinander verwebt.

Mit seiner reduzierten Architektur- und Formensprache setzt der Erweiterungstrakt auf klare Kontraste zum Bestand, ohne jedoch dominant zu wirken. Auch in seiner Bauweise hebt er sich deutlich vom massiv gemauerten Altbau ab: Er ist als leichte Stahlrahmenkonstruktion konzipiert, deren Stahlträger und Trapezblechdecken im Innern sichtbar belassen und lediglich weiß überstrichen sind. Große Glasfronten und fugenloser Terrazzoboden tragen zum zeitgemäßen Wohnambiente bei. Dennoch sucht der Neubau in Farb- und Materialwahl sichtlich den Bezug zu seinem Gegenüber – so sind beispielsweise die hölzernen Küchenfronten im gleichen Grünton gestrichen wie die alte Haustür und die Fensterläden.

Vorherige Doppelseite Alt und Neu auf einem Nenner: Das historische Haus wurde saniert und auf der Rückseite um einen doppelstöckigen kubischen Anbau erweitert.

Links beide Das Bestandsgebäude stammt aus der Zeit um 1920. Das Wohnzimmer liegt an der Straße und öffnet sich mit einem Innenfenster auf die Eingangshalle.

Oben Die denkmalgeschützte Eingangsfassade wurde originalgetreu restauriert. Für das neue Dach konnten die vorhandenen Tonziegel wiederverwendet werden.

Rechts Der ehemalige Iliakos, früher eine Art Wintergarten, dient als Entree und Esszimmer zugleich. Der Zementfliesenboden stammt noch aus der Erbauungszeit.

Links oben Die Küche liegt im Erweiterungstrakt. An den sichtbar belassenen Trägern und Trapezblechdecken lässt sich die Stahlkonstruktion deutlich ablesen.

Links unten Die Möbelfronten aus dunkelgrün lackiertem Holzfurnier bilden einen reizvollen Kontrast zur massiven Arbeitsplatte aus Onyx und dem hellen Terrazzoboden.

Rechts oben Über das zentrale Atrium sowie einen eingeschossigen korridorartigen Trakt im Norden sind Vorder- und Hinterhaus miteinander verbunden.

Rechts unten Eine metallene Pergola dient als Rankhilfe und beschirmt die Terrasse auf der Gartenseite. Im Obergeschoss des Neubaus liegen die Schlafräume.

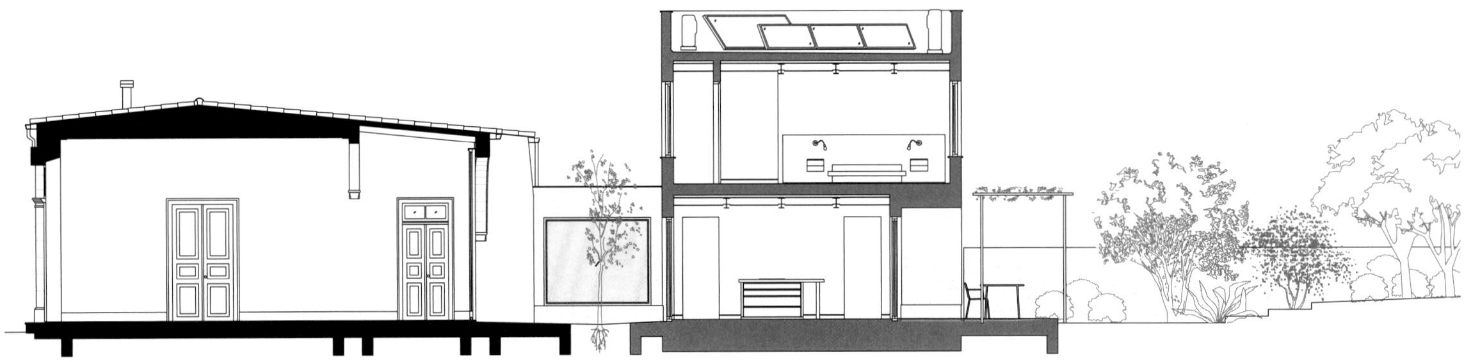

Schnitt

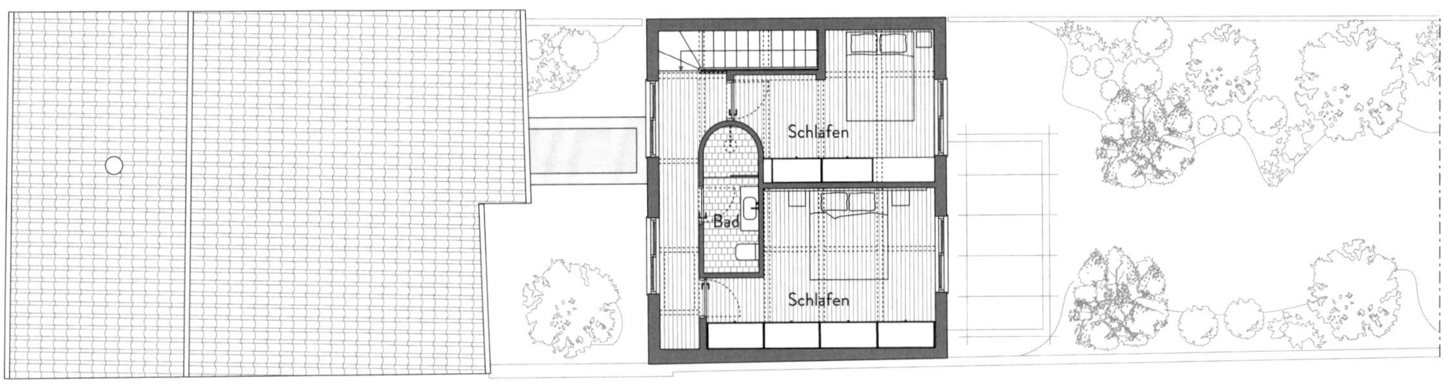

Obergeschoss

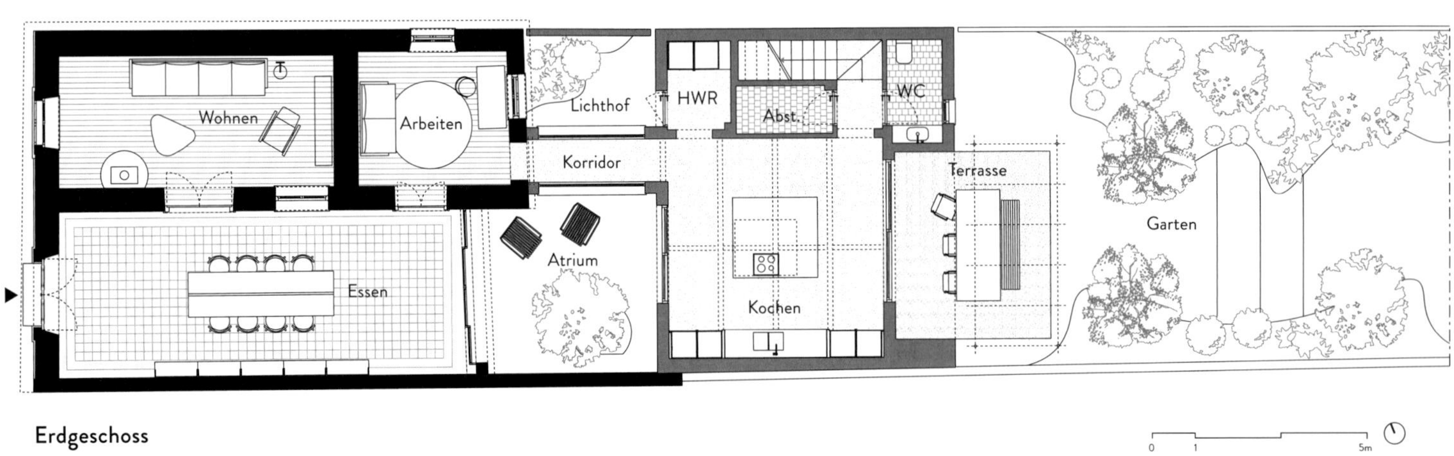

Erdgeschoss

Kurzporträt

- Revitalisierung, Umbau und Erweiterung eines leerstehenden historischen Wohnhauses
- Denkmalgerechte Sanierung und Rekonstruktion des Altbaus
- Vergrößerung der Wohnfläche durch Anbau auf der Gartenseite
- Erweiterungstrakt in Architektur- und Formensprache deutlich vom Bestand abgesetzt
- Zentraler Innenhof als Erschließungszone und zusätzliches Zimmer im Freien
- Enge Verbindung von Innen- und Außenraum
- Optische Großzügigkeit durch vielfältige Blickbeziehungen und durchgehende Sichtachsen

Gebäudedaten

Grundstücksgröße: 570 m^2
Wohnfläche vorher/nachher: 81 m^2/150 m^2
Anzahl der Bewohner: 2
Bauweise: massiv, Lehm- und Natursteinmauer (Bestand), Stahlkonstruktion (Anbau)
Fassade: Kalkputz, gestrichen (Bestand), Faserzementplatten, verputzt und gestrichen (Anbau)
Baukosten gesamt: ca. 441.000 Euro
Energiekonzept: Wärmepumpe, Klimaanlage, Photovoltaikanlage, Fußbodenheizung
Primärenergiebedarf: 51,1 kWh/m^2a
Baujahr Bestand: um 1920
Fertigstellung Umbau: 2024

Lageplan

Stephanie Misseri und Michalis Anastasiou

» Der zentrale Innenhof ist das Herzstück des Hauses – ein offener Übergangsbereich, der den Innenraum ins Freie erweitert und die Gebäude zu einem Ganzen vereint. «

Auszeichnung

ALLEIN AUF WEITER FLUR

Hof Thann im Bezirk Steyr-Land (Österreich)

Moser und Hager Architekten

Vorherige Doppelseite Gut bedacht: Der einst verlassene Dreiseithof hat sich in ein zeitgemäßes Familiendomizil mit integrierten Praxisräumen verwandelt.

Links Die historische Hofanlage stammt aus dem 18. Jahrhundert. Nach einem Brandschaden im Westtrakt hatte sie lange leergestanden und war zusehends verfallen.

Rechts oben Eine Holzriegelkonstruktion ersetzt den stark beschädigten Gebäudeteil und hebt sich auch nach außen hin von der Putzfassade des Bestands ab.

Rechts unten Der neu errichtete Dachstuhl orientiert sich an der ursprünglichen Form. Er ist jedoch etwas höher, wovon die darunterliegenden Zimmer profitieren.

Mit dem Umbau und der Revitalisierung alter Höfe im ländlichen Raum kennen sich Anna Moser und Michael Hager mittlerweile bestens aus. Das spricht sich auch bei potenziellen Bauherrinnen und Bauherren herum – und beschert dem kreativen Team neue Aufträge. So reiht sich die Sanierung von Hof Thann im oberösterreichischen Traunviertel auch nahtlos in die Serie ihrer »Hofgeschichten« ein, wie sie ihre Projekte nennen.

In diesem Fall handelte es sich um einen verlassenen Dreiseithof, der zu neuem Leben erweckt und zu einem zeitgemäßen Wohnhaus mit Praxis umgebaut werden sollte. Nach einem Brandschaden im westlichen Gebäudetrakt hatte das Anwesen bereits längere Zeit leergestanden und war zusehends verfallen. »Der Hof stammt aus Familienbesitz, deshalb war es der Bauherrschaft auch ein großes Anliegen, den Bestand wieder zu aktivieren«, wie das Architektenduo erläutert.

Zunächst machten sich Moser und Hager auf Spurensuche, um mehr über die Vergangenheit der historischen Hofanlage herauszufinden. »Unsere Projekte sind getragen von dem Gedanken, Baugeschichte weiterzuschreiben – und nicht umzuschreiben«, wie sie betonen. »Um an diese Baugeschichte anzuknüpfen, ist es wichtig, den Ort und das Denkmal zu verstehen sowie sich Kenntnis über das Vorhandene anzueignen.«

Wie sich bei ihren Recherchen herausstellte, hat der Hof eine lange, bewegte Geschichte hinter sich und war ursprünglich sogar ein Vierkanter. Die Anlage wird bereits in der Theresianischen Fassion – einem Steuerkataster, der um 1750 im Habsburgerreich unter Maria Theresia angelegt wurde – erstmals erwähnt. Einer späteren Quelle, dem Franziszeischen Kataster, zufolge wurde der bis heute erhalten gebliebene massive Gebäudeteil im 18. Jahrhundert im Süden mit einem Holzbau zum Vierseithof geschlossen.

Mit Respekt vor dem historischen Bestand ging das Planerteam beim anschließenden Umbau vor, um den Charakter des Gebäudeensembles zu bewahren und möglichst viel seiner Substanz zu erhalten oder wiederzuverwenden. Dabei bot die massive Bauweise mit Mischmauerwerk, teils ungebrannten Lehmziegeln sowie schönen Holzbalkendecken gute Anknüpfungspunkte, um Alt und Neu miteinander zu verbinden. Die Außen- und Innenwände blieben daher größtenteils bestehen, nur der stark beschädigte Westtrakt wurde durch eine Holzriegelkonstruktion ersetzt. Diese orientiert sich zwar an der Kubatur des Vorgängerbaus, gibt sich jedoch nach außen hin mit ihrer vorvergrauten Holzschalung und der raumhohen Glasfassade klar als etwas Neues zu erkennen. Ganz im Gegensatz zu den kleinteiligen Kastenfenstern im Bestand, die nach historischem Vorbild angefertigt wurden.

Vor allem aber musste das Planerteam den Dachstuhl komplett erneuern, da neben dem Brandschaden auch zahlreiche morsche Stellen im Gebälk zutage traten. Die neue Konstruktion folgt der ursprünglichen Dachform, ist jedoch etwas höher, was den darunterliegenden Zimmern und Bädern deutlich mehr Luft nach oben verschafft. Die vorhandene Eindeckung aus Rhomben- und Welleternit wurde durch eine Ziegeldeckung ersetzt, Dachflächenfenster sorgen für optimalen Lichteinfall.

In seinem Innern bietet der sanierte Dreiseithof nun ein völlig neues Wohngefühl in alter Hülle – was vor allem im Westtrakt spürbar wird: Dieser ist mit seiner geräumigen Essküche der kommunikative Mittelpunkt des Familienlebens und wird über die vollverglaste Westfassade mit reichlich Tageslicht versorgt. Decken- und Wandverkleidungen aus weiß lasiertem Holz sorgen zusätzlich für Helligkeit und stehen in starkem Kontrast zur markanten Treppe aus Schwarzstahl und deren rotem, massiven Podest, in das ein Speicherofen integriert ist.

Der Grundriss im übrigen Gebäude wurde mit wenigen gezielten Eingriffen an die geänderten Nutzungen angepasst. Im früheren Stall auf der Ostseite ist die Physiotherapiepraxis untergebracht, die über eine großzügige zentrale Eingangsdiele mit dem Wohnteil verbunden ist. Der traditionelle Hof hat sich so in ein zeitgemäßes Domizil zum Wohnen und Arbeiten verwandelt, das Alt und Neu auf einen Nenner bringt.

Links Die Eingangsdiele verbindet beide Haustrakte miteinander: rechts geht es in die Praxisräume, links zum Wohnteil – und geradeaus in die freie Landschaft.

Unten links Mit Zwischenraum, hindurchzuschaun: Die Fassade der neu errichteten Holzkonstruktion ist leicht hinter die historische Außenmauer zurückgesetzt.

Unten rechts Durch die verschieden hoch liegenden Dachfirste ergeben sich im Innern interessante Raumgeometrien und Verschneidungen, wie hier im Bad.

Rechts Die große Essküche liegt in der Eingangsebene. Die Schrankfronten sind aus weiß gebeiztem Pappelsperrholz, als robuster Bodenbelag dient geschliffener Estrich.

Unten Wie eine Raumskulptur wirkt die Treppe aus Schwarzstahl, die sich in die Dachetage faltet. In ihr massives Podest ist ein Speicherofen integriert.

Schnitt

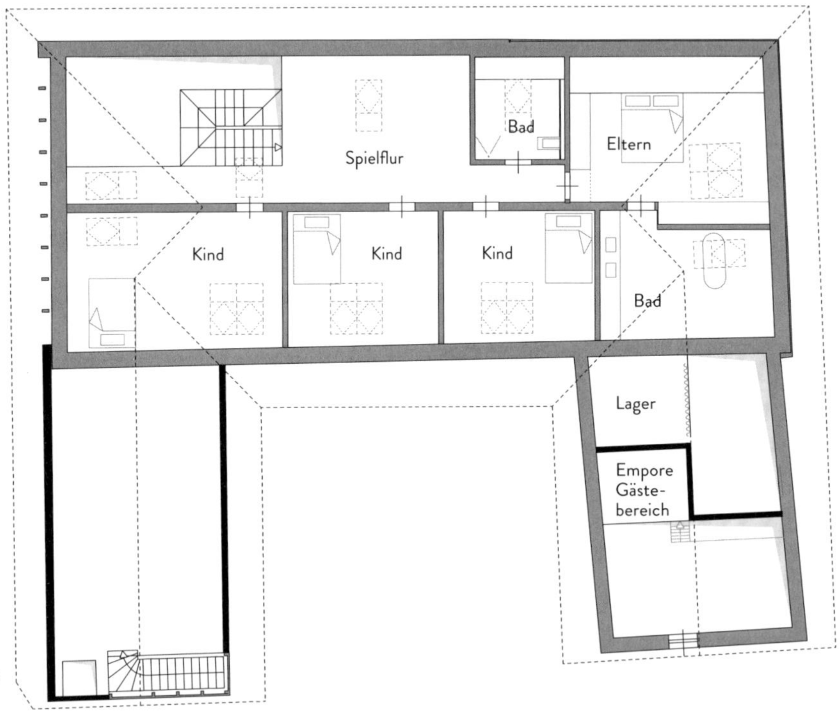

Dachgeschoss

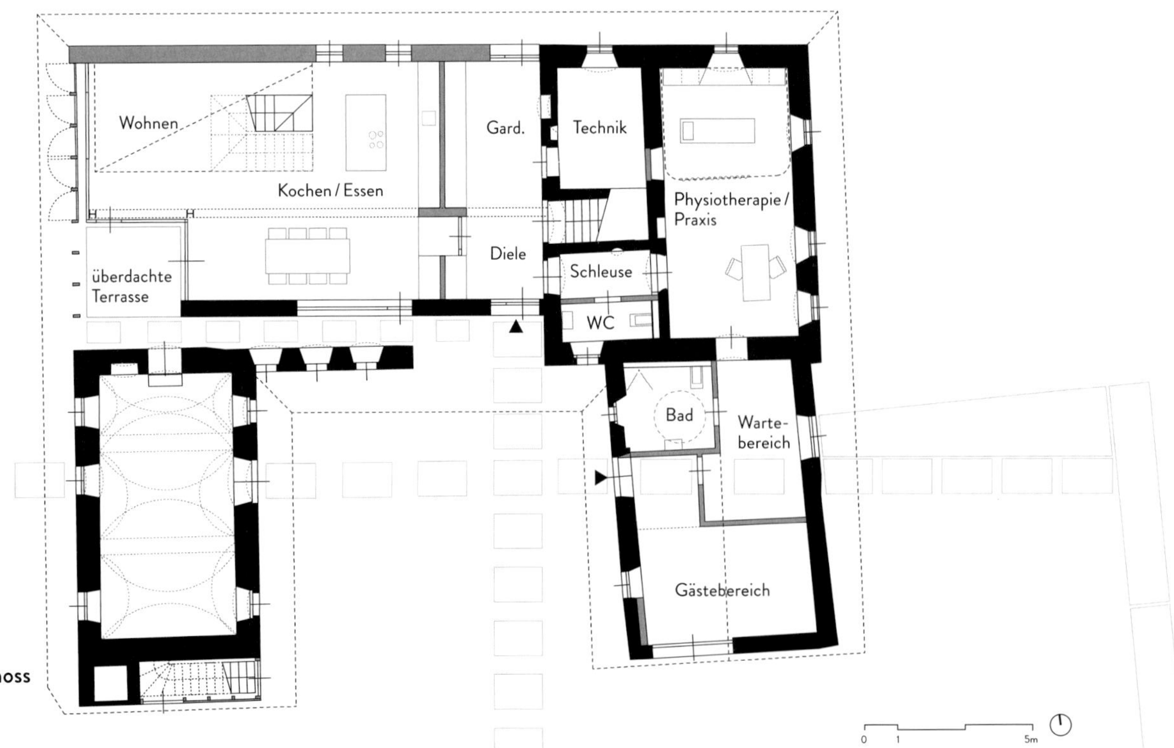

Erdgeschoss

Kurzporträt

- Revitalisierung und Umbau eines leerstehenden historischen Dreiseithofs unter Beibehalt seines ursprünglichen Charakters
- Weitgehender Erhalt der vorhandenen Substanz, Wiederverwendung alter Bauteile und Elemente
- Rekonstruktion des durch Brand zerstörten Westtrakts in Holzriegelbauweise
- Neuer Dachstuhl für mehr Stehhöhe im Obergeschoss
- Grundriss neu organisiert und geänderten Nutzungen angepasst
- Wohnen und Arbeiten unter einem Dach, Praxisräume in ehemaligem Stall
- Essküche mit Treppenskulptur und Speicherofen als neuer Mittelpunkt des Familienlebens

Gebäudedaten

Grundstücksgröße: 6.800 m^2
Wohnfläche vorher/nachher: ca. 232 m^2/310 m^2
Zusätzliche Nutzfläche nach Umbau: 85 m^2
Anzahl der Bewohner: 5
Bauweise: Massivbau mit Holzbalkendecken (Bestand), Holzriegelkonstruktion (neuer Westtrakt)
Fassade: Putz, vorvergraute Holzschalung
Energiekonzept: Speicherofen im Wohnbereich, Wärmepumpe mit Tiefenbohrung
Heizwärmebedarf: 72,9 kWh/m^2a
Primärenergiebedarf: 54,4 kWh/m^2a
Baujahr Bestand: erste Erwähnung 1750
Fertigstellung Umbau: 2024

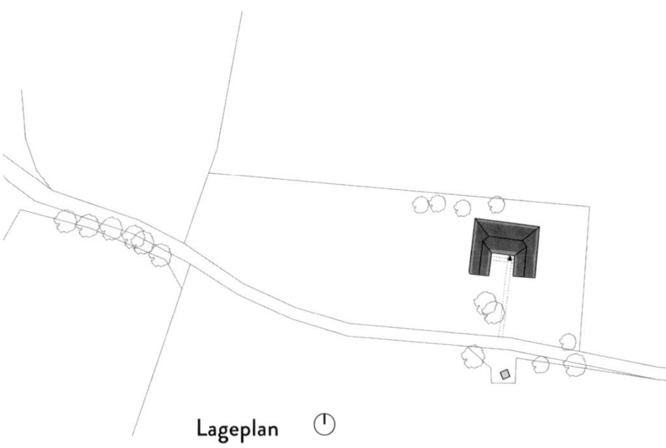

Lageplan

Anna Moser und Michael Hager

» Unsere Projekte sind getragen von dem Gedanken, Baugeschichte weiterzuschreiben und nicht umzuschreiben. «

Auszeichnung

HOMOGENE HÜLLE

Vom Ein- zum Zweifamilienhaus in Feldkirch (Österreich)

MWArchitekten

Vorherige Doppelseite Im Dachgeschoss ist eine zweite Wohneinheit entstanden, die von Westen über eine laubengangähnliche Holzkonstruktion erschlossen wird.

Links Das Einfamilienhaus wurde 1960 errichtet: ein kompakter Satteldachbau mit heller Putzfassade, rustikalem Holzbalkon und kleinformatigen Fensteröffnungen.

Rechts oben Die vorgebaute Erschließungszone ist überdachter Eingangsbereich, halboffenes Treppenhaus und witterungsgeschützter Aufenthaltsraum zugleich.

Rechts unten beide Im Gegensatz zur vertikalen Holzlattung des Anbaus erhielt der Bestand ein helles Schindelkleid, hinter dem sich die neu angebrachte Außendämmung verbirgt.

Nachverdichtung in bestehenden Wohnsiedlungen ist ein Thema, das gerade in Zeiten schwindender Baulandreserven immer mehr an Bedeutung gewinnt: Zusätzlichen Wohnraum zu schaffen, ohne dabei neuen Boden zu versiegeln, ist sowohl ökologisch als auch ökonomisch sinnvoll. Wie gut es zudem gelingen kann, auf diese Weise auch den Bestand aufzuwerten, zeigt dieses Projekt aus Feldkirch im österreichischen Vorarlberg, bei dem ein schlichtes Einfamilienhaus nicht nur deutlich an Wohnfläche, sondern auch an gestalterischer Qualität gewonnen hat.

Das Haus aus dem Familienbesitz der Bauherrin wurde 1960 errichtet – ein solide gemauerter, zweigeschossiger Satteldachbau in einem gewachsenen Wohnquartier mit großen, schön durchgrünten Gärten. Zwar war das Gebäude insgesamt in gutem Zustand, wies jedoch die für seine Entstehungszeit typischen bauphysikalischen Mängel auf. So zielte der Umbau nicht nur darauf, den Bestand zu erweitern, um ausreichend Platz für zwei Familien zu schaffen, sondern vor allem auch den Altbau energetisch zu ertüchtigen.

Das Projekt übernahm Lukas Peter Mähr mit seinem Büro MWArchitekten aus Hohenems. Sein Konzept sah vor, das alte Dach, dessen Kniestock zu niedrig war, komplett abzutragen und das Haus um eine neue Etage in Leichtbauweise aufzustocken. So entstand ein zusätzliches Wohngeschoss mit einer zweiten großzügigen separaten Einheit. Im Zuge des Umbaus wurde auch die Erschließungssituation verändert, wovon vor allem die Erdgeschosswohnung profitiert: Während Eingang und Treppe früher auf der Südseite lagen, betritt man beide Einheiten heute über getrennte Zugänge von Westen aus – über ein neues, externes Treppenhaus. Zu diesem Zweck hat das Planerteam an der Stirnseite des Altbaus eine laubengangähnliche Holzkonstruktion vor die Fassade gestellt, die mehrere Funktionen zugleich erfüllt. Sie dient als überdachter Eingangsbereich, halboffenes Treppenhaus, witterungsgeschützte Aufenthalts- und Spielzone sowie luftiger Freisitz in einem. Damit ist hier eine vielseitig nutzbare Übergangszone zwischen drinnen und draußen entstanden, die mit ihrem gitterartigen, vorgehängten Lattenschirm aus hellem Fichtenholz zugleich vor Einblicken von außen gut geschützt ist. »Der entstandene Zwischenraum erzeugt als stimmungsvoller semiprivater Außenbereich einen echten Mehrwert«, wie Lukas Peter Mähr feststellt.

Mit seiner vertikalen Holzlattung hebt sich das neu hinzugekommene Bauelement auch optisch deutlich vom Bestand ab, ohne in Konkurrenz zu ihm zu treten oder ihn zu überformen. Zumal es der ausdrückliche Wunsch der Auftraggeber war, den unprätentiösen Charakter des ehemaligen Elternhauses mit seinen kleinformatigen Öffnungen zu erhalten, wie der Architekt erklärt: »Das ursprüngliche Gebäude sollte erkennbar bleiben. Dennoch war keine ›Verkitschung‹ gewünscht, das Haus sollte in die heutige Zeit passen.« Anstelle der früheren, etwas bieder wirkenden Putzfassade knüpft der Bestand daher mit einem hellen Schindelkleid an die regionale Bautradition an – und verbirgt hinter seiner hölzernen Schale zugleich die Außendämmung. Zusammen mit den farblich passenden Holzklappläden entsteht ein homogener Gesamteindruck, der Alt und Neu auf einen Nenner bringt.

Heimisches Holz prägt nicht nur das äußere Erscheinungsbild des Hauses, sondern auch sein Interieur: In der neuen Dachetage, die sich in der Vertikalen bis unter den First erstreckt, sind Decken- und Wandvertäfelungen aus Weißtanne, auf dem Boden liegen Eschendielen. Aus dem gleichen Holz sind auch die zahlreichen maßgefertigten Schreinereinbauten – von der Küchenzeile über die Schränke bis hin zu den Innentüren, sodass alles wie aus einem Guss wirkt. Zum lichten und luftigen Raumeindruck tragen vor allem auch die großen Dachflächenfenster bei, die für zusätzliche Helligkeit von oben sorgen.

Auf der Westseite erweitert sich die Wohnküche mit einer gläsernen Schiebetür fließend nach draußen und auf das hölzerne Treppenpodest, das hier zu einer großzügigen Loggia wird – auf der man gut geschützt im Freien sitzen und die Abendsonne genießen kann.

Links In der neu errichteten Dachetage ist ein offener, lichtdurchfluteter Raum mit Küche, Ess- und Wohnbereich entstanden, der bis unter den First reicht.

Unten Gut abgestimmt: Decken- und Wandvertäfelungen aus Weißtanne sowie Einbauten und Dielenböden aus Eschenholz tragen zum homogenen Wohnambiente bei.

Rechts Schränke und Stauräume sind in Wandnischen integriert und sparen zusätzliche Aufbewahrungsmöbel. Ein Dachflächenfenster holt die Südsonne herein.

Schnitt

Obergeschoss

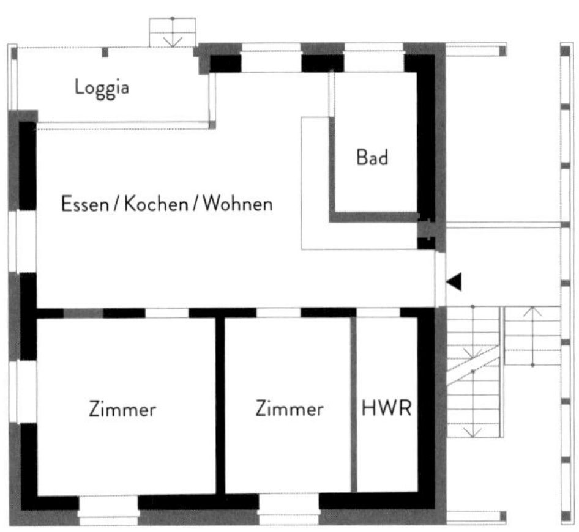

Erdgeschoss

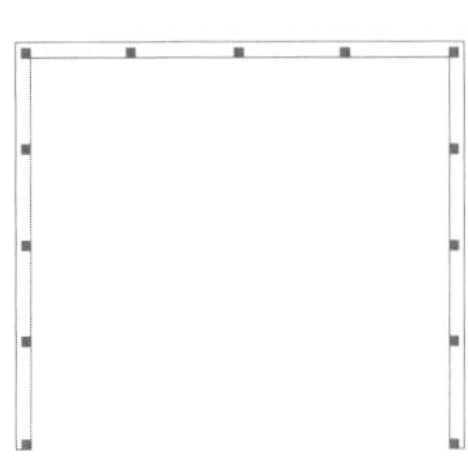

Kurzporträt

- Nachverdichtung durch Erweiterung eines Einfamilienhauses von 1960 zum Zweifamilienhaus
- Zusätzliche Wohnfläche durch Dachgeschossausbau, Aufstockung in Leichtbauweise
- Dachstuhl mit höherem First neu errichtet
- Umbau und energetische Sanierung des Bestands unter weitgehendem Erhalt der vorhandenen Substanz
- Halboffenes Treppenhaus als vorgebaute Erschließungszone und geschützter Aufenthaltsbereich
- Neue Zugangssituation mit separaten Eingängen zu beiden Wohneinheiten
- Homogener Innenausbau in heimischem Holz

Gebäudedaten

Grundstücksgröße: 1.050 m²
Wohnfläche vorher/nachher: ca. 150 m²/240 m²
Zusätzliche Nutzfläche vorher/nachher: ca. 70 m²/130 m²
Anzahl der Bewohner: 6
Bauweise: massiv, Mauerwerk, Ziegeldecke, Stahlbeton (Bestand), Holzriegelbau mit Zellulosedämmung (Neubau)
Fassade: Rundschindel und Holzlamellen aus Fichte, unbehandelt
Energiekonzept: Erdwärmepumpe, Fußbodenheizung
Heizwärmebedarf: 49,3 kWh/m²a
Primärenergiebedarf: 51 kWh/m²a
Baujahr Bestand: 1960
Fertigstellung Umbau: 2024

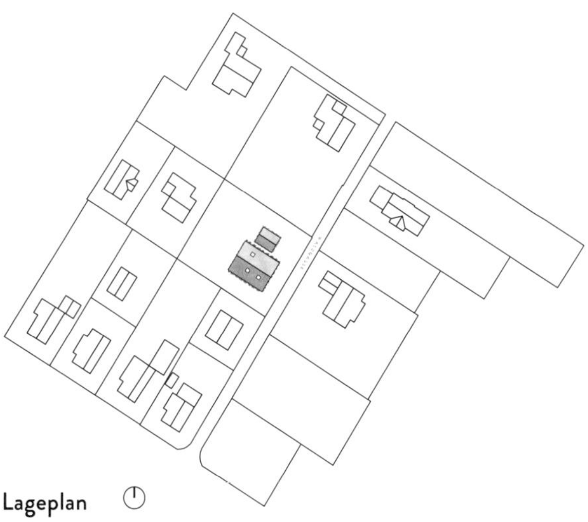

Lageplan

Lukas Peter Mähr, MWArchitekten

» Das Projekt zeigt eine mögliche Form des nachträglichen Verdichtens bestehender Siedlungen. «

Auszeichnung

MIT KURVEN UND KANTEN

Casa D in Holargos / Athen (Griechenland)

Cometa Architects

Eigentlich hatte die Bauherrin, die in Holargos, einem dicht besiedelten Vorort von Athen, auf Immobiliensuche war, nicht unbedingt einen Altbau im Sinn. Doch das schlichte, zweistöckige Haus aus den 1960er-Jahren gefiel ihr auf Anhieb. Vor allem wegen seiner Lage auf einem Eckgrundstück sowie dem kleinen Garten, den sie zu einer grünen Oase mitten in der Stadt umgestalten wollte. Zunächst allerdings galt es für das Büro Cometa Architects, den Bestand zu erweitern und den Wohnbedürfnissen seiner neuen Besitzerin anzupassen.

Da das Gelände stark abfällt, befindet sich die untere Etage des Hauses mit einem Einliegerappartement teilweise im Souterrain. Die Hauptwohnung im Stockwerk darüber wird sowohl über eine Außentreppe von der Zufahrt im Norden als auch über einen ebenerdigen Eingang von der Seitenstraße im Südwesten aus erschlossen. Um die Wohnfläche zu erweitern, sollte diese Etage aufgestockt und in eine großzügige Maisonette verwandelt werden. Wobei sich die Auftraggeberin auch im Außenraum möglichst viel Privatsphäre wünschte – was für das Architektenteam eine besondere Herausforderung darstellte: Das kleine Eckgebäude ist dicht umstanden von mehrgeschossigen Nachbarhäusern mit umlaufenden Balkonen. Der Neubau schirmt sich daher weitgehend gegen seine Umgebung ab und konzentriert sich mit seinen Öffnungen sowie einer Dachterrasse auf die westliche Gebäudeecke: Aufgrund seiner Lage an der Straßenkreuzung kann dieser Bereich am wenigsten von den Nachbarn ringsum eingesehen werden.

Um die Dachaufstockung überhaupt realisieren zu können, musste der Bestand zunächst statisch ertüchtigt werden. Zum einen, weil der einfache Stahlbetonbau viel zu gering dimensioniert war, um zusätzliche Lasten aufzunehmen, zum anderen, weil er den aktuellen Anforderungen an die Erdbebensicherheit nicht mehr entsprach. Um umfangreiche Eingriffe in die Substanz zu vermeiden, wurde der Altbau nachträglich stellenweise durch eine Stahlkonstruktion mit diagonalen Verstrebungen verstärkt, die nun – ähnlich wie ein Exoskelett – zusammen mit dem neuen Dachgeschoss ein stabiles, primäres Traggerüst bildet, während der Bestand als zweite, schützende Gebäudehülle dient.

Von außen ist dem Bau von dieser ausgetüftelten statischen Lösung jedoch nichts anzusehen: Alt und neu präsentieren sich als homogene Einheit mit frisch verputzter und gedämmter Fassade, die von gezielt gesetzten Öffnungen durchbrochen wird. Hinter einer sanften Dachabrundung verbirgt sich ein Oberlichtband, »mit dieser geschwungenen Form wollten wir uns von der strengen kastenförmigen Architektur der Nachbarschaft abheben«, erklären die Planer.

Von dem diffusen Licht, das über die Dachöffnung tief ins Gebäudeinnere vordringt, profitiert auch der zentrale Wohnbereich in der Eingangsebene, der sich in einen doppelgeschossigen Luftraum öffnet. Dabei fällt der Blick sofort auf die elegant geschwungene Treppe aus pfirsichfarben lackiertem Stahlblech. Sie faltet sich hinauf in die obere Etage zu den privaten Zimmern sowie der Arbeitsgalerie und sorgt für einen kräftigen Farbakzent in den minimalistisch gestalteten Räumen.

Auch an anderen Stellen hat das Planerteam hier gezielt Farbe ins Spiel gebracht: Der charakteristische Pfirsichton, der sich beispielsweise auch im Gästebad wiederholt, wird durch sanftes Grün kontrastiert – etwa bei den Küchenmöbeln oder den metallenen Sonnenschutzläden. Auf diese Weise verbinden sich Innen- und Außenraum auch optisch – zumal der enge Bezug von Architektur und Natur für die Bauherrin eine wichtige Rolle spielte. Dementsprechend dient der Garten rings ums Haus hier auch als zusätzliches Wohnzimmer im Freien. Differenziert gestaltet, erstreckt er sich über drei verschiedene Niveaus, mit einer weinberankten, pergolenüberdachten Terrasse, einem vertieften Bereich mit Sitzstufen sowie einem kleinen Gartenhof. Es ist ein privater Rückzugsort mitten in der Stadt – umrahmt von mediterraner Vegetation, die an heißen Sommertagen für angenehme Kühle sorgt.

Vorherige Doppelseite Der Altbau wurde um ein zusätzliches Wohngeschoss aufgestockt. Er präsentiert sich auch nach außen hin in völlig neuem Erscheinungsbild.

Links beide Das Haus steht in einem dicht bebauten Quartier auf einem Eckgrundstück. Errichtet wurde der ursprünglich zweistöckige Bau in den 1960er-Jahren.

Rechts Durch das Gefälle im Gelände liegt die Zufahrt eine Etage tiefer. Im Hanggeschoss befindet sich ein Einliegerappartement, die Außentreppe führt zur Wohnebene.

Unten Der Garten als zusätzliches Wohnzimmer: Die differenziert gestalteten Freiflächen auf verschiedenen Ebenen sorgen für Privatheit auch im Außenraum.

Oben links Mut zur Farbe: Ganz in Grün gestaltet ist die Küche, die sich nahtlos an den Essplatz anschließt. Der Bodenbelag ist aus handgegossenem Terrazzo.

Oben rechts Mit der Aufstockung ist eine großzügige Maisonettewohnung entstanden. Ein zweigeschossiger Luftraum stellt den Sichtkontakt in die obere Ebene her.

Rechts oben Ein Blickfang im offenen Wohnbereich ist die skulptural anmutende, pfirsichfarben lackierte Stahltreppe, die zu den privaten Rückzugsräumen führt.

Rechts unten beide Ein Oberlichtband erhellt die Arbeitsgalerie in der Dachetage. Auf der Terrasse dient eine weinberankte Pergola als Schattenspender.

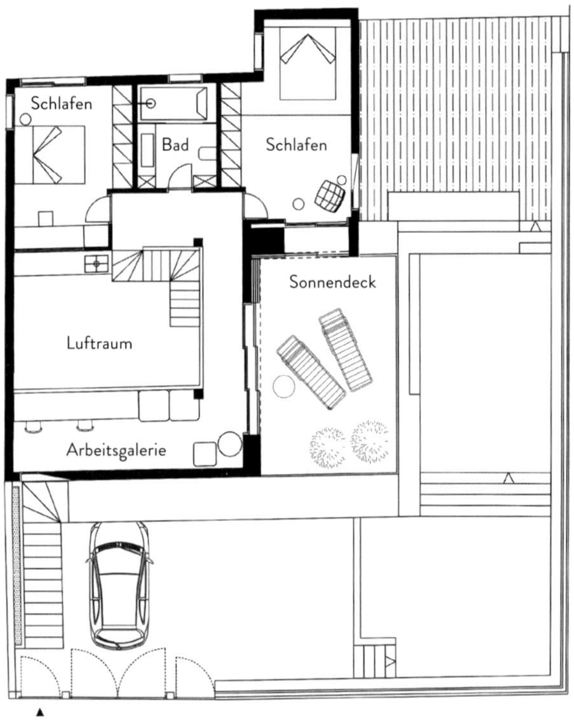

Obergeschoss

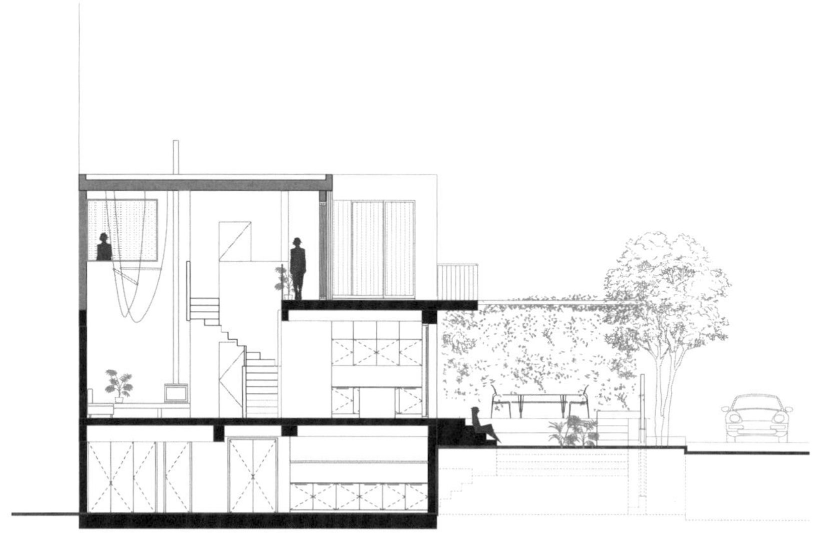

Schnitt

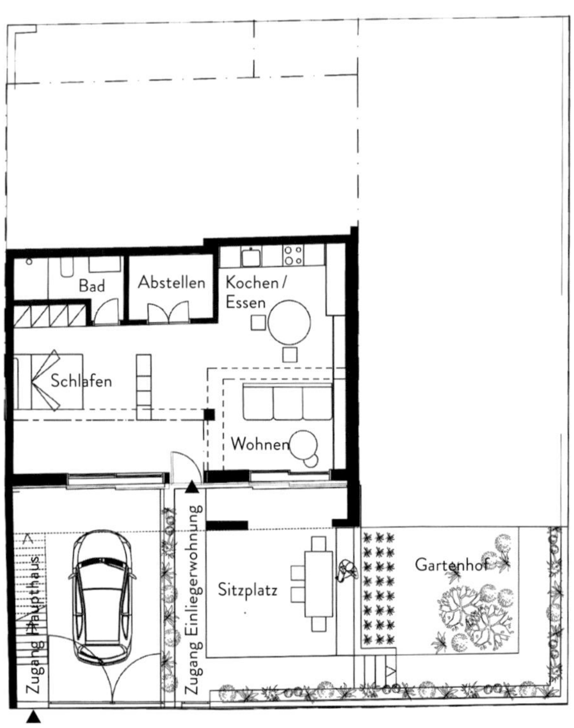

Gartengeschoss

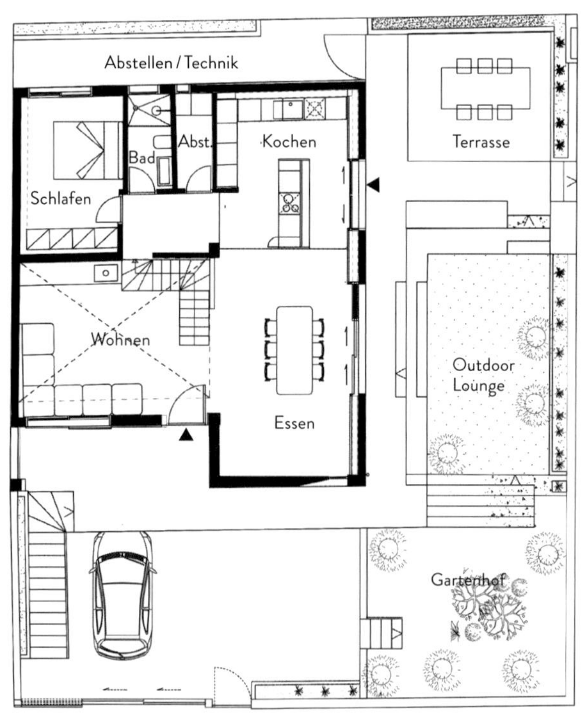

Erdgeschoss

Kurzporträt

- Sanierung, Umbau und Erweiterung eines Hauses aus den 1960er-Jahren in dicht bebautem städtischen Wohnumfeld
- Bestand statisch ertüchtigt und erdbebensicher verstärkt, Dachaufstockung in Stahlbauweise
- Offener Wohnbereich mit skulpturaler Treppe gegliedert
- Optische Großzügigkeit durch zweigeschossigen Luftraum und diagonale Sichtachsen
- Geschickte Tageslichtregie mit gezielt gesetzten Öffnungen
- Individuelles Farbkonzept
- Enge Verbindung von Innen- und Außenraum über differenziert gestaltete Freibereiche; Bäume und mediterrane Pflanzen zur sommerlichen Kühlung

Gebäudedaten

Grundstücksgröße: 302 m^2
Wohnfläche vorher/nachher: 95 m^2/187 m^2
Zusätzliche Nutzfläche: 67 m^2 (Einlieger im Souterrain)
Anzahl der Bewohner: 1 + Gäste
Bauweise: Stahlbeton (Bestand), Stahlkonstruktion mit Exoskelett-Verstrebungen (Erweiterung)
Fassade: Wärmedämmverbundsystem, mineralischer Oberputz
Energiekonzept: Wärmepumpe, Fußbodenheizung und -kühlung, Solarkollektoren, Photovoltaikmodule, Klimaanlage
Heizwärmebedarf: 20 kWh/m^{2}a
Baujahr Bestand: 1966
Fertigstellung Umbau: 2023

Lageplan

Víctor González Martí und Faidra Matziaraki, Cometa Architects

» Mit dem Umbau ist ein privater Rückzugsort inmitten der dichten Stadt entstanden – mit fließenden Räumen, viel Licht und einer starken Verbindung zur Natur. «

LIEBES
FEST

Auszeichnung

OFFEN UND EHRLICH

Umbau eines 1960er-Jahre-Hauses in Gauting

architekturbuero eder

Vorherige Doppelseite Vom Entree fällt der Blick in den nahen Wald. Im Souterrain reflektiert eine Spiegelwand das einfallende Licht und vergrößert den Raum optisch.

Links Fliesenböden und holzverkleidete Decken prägten den Raumeindruck in der früheren Eingangsdiele. Rechts führte eine Tür in die separat abgeteilte Küche.

Rechts oben Der Flachdachbungalow von 1968 hat sein bauzeittypisches Erscheinungsbild mit weißem Kalkstandstein-Sichtmauerwerk auch nach der Sanierung behalten.

Rechts unten Der Hauszugang wurde zugunsten einer offenen Küche in die Gebäudemitte verlegt – und anstelle der Eingangstür eine Festverglasung eingebaut.

Was tun mit einem renovierungsbedürftigen Winkelbungalow aus den späten 1960er-Jahren – einer Zeit, in der Energie- und Flächenreserven scheinbar unbegrenzt vorhanden waren? Noch dazu, wenn der Bau die typischen Defizite, von überholter Haustechnik bis hin zu unzureichender Dämmung, aufweist? Oft werden solche eingeschossigen Häuser abgerissen und durch Neubauten ersetzt, sei es, um die Grundstücke nachzuverdichten, oder weil der Sanierungsaufwand den Eigentümern zu groß ist. Was nicht nur unter Nachhaltigkeitsaspekten fragwürdig erscheint – häufig geht damit auch ein Stück Baukultur der Nachkriegsmoderne verloren. Glücklicherweise stand bei diesem Einfamilienhaus im oberbayerischen Gauting südlich von München ein Abbruch nicht zur Diskussion. Denn die neuen Besitzer hatten sich entschieden, den Bestand soweit wie möglich zu erhalten und umzubauen. Dabei gelang es dem beauftragten architekturbuero eder mit viel Gespür und Blick fürs Wesentliche, das Gebäude maßvoll zu erneuern und in die heutige Zeit zu überführen sowie mit wenigen gezielten Eingriffen große Verbesserungen zu erreichen.

Der Flachdachbungalow entstand 1968 am Rand einer locker bebauten Gartensiedlung. Er steht auf einem Grundstück in zweiter Reihe mit Blick zum nahen Wald und lebt vom engen Bezug zwischen Innen- und Außenraum. Dabei setzt sich der winkelförmige unterkellerte Bau aus zwei Flügeln zusammen, die den Grundriss klar gliedern: Küche, Schlafzimmer und Bad liegen im nördlichen Gebäudeteil, der Wohnbereich mit großer durchlaufender Glasfassade schließt sich im südlichen Trakt an.

Wichtig war allen Beteiligten von Anfang an, dass der bauzeittypische Charakter und die besondere Atmosphäre des Hauses bestehen bleiben sollten: »Unser Hauptaugenmerk lag darauf, die architektonischen Qualitäten herauszuarbeiten, neue räumliche Aspekte auf einfache Art und Weise umzusetzen und den umfassenden Maßnahmen zur energetischen und haustechnischen Instandsetzung mit angemessenen Mitteln gerecht zu werden«, wie das junge Planerteam zusammenfasst.

Von außen betrachtet scheint sich nach der Sanierung nicht viel verändert zu haben: Der unprätentiöse Bau hat seine weiß getünchte Klinkerfassade mit den markanten, schwarz gerahmten Holzfenstern behalten. Auf eine Außendämmung wurde hier bewusst verzichtet, um das Erscheinungsbild nicht zu verändern. Das Dach hingegen erhielt eine nachträgliche Isolierung, was sich an der höheren Attika erahnen lässt.

Völlig neu hingegen ist die Eingangssituation: Während man das Haus zuvor von der Rückseite im Nordosten aus betrat, gelangt man nun über die Südterrasse zu einem geräumigen, lichtdurchfluteten Entree im Winkel beider Trakte. Auf diese Weise konnte die einst kabinettartige Küche um die ehemalige Diele erweitert werden, was ihr spürbar zugutekommt. Sie hat sich in einen offenen, großzügigen Raum verwandelt, an den sich Essplatz und Wohnbereich nahtlos anschließen.

Auch andernorts wurde der Grundriss mit präzisen Eingriffen gelichtet, behutsam angepasst und die klare Gebäudestruktur wieder herausgearbeitet. Im Erdgeschoss gehen die Räume ohne Flure offen ineinander über, sodass durchgehende Sichtachsen entstehen – die mit raffinierten Details zusätzlich betont werden: Die Trennwand zum neuen Elternbad am westlichen Gebäudeende ist verspiegelt, sodass sich die enfiladenartige Raumfolge hier ins Unendliche fortzusetzen scheint. Ein ähnlicher Effekt tritt im Souterrain ein, wo sich am Fuß der Treppe hinter einem raumhohen Spiegelelement Gäste-WC und Technik verbergen. Da sich die reflektierende Wand leicht aus der Achse dreht, kann man buchstäblich um die Ecke und in den rückwärtigen Lichthof am Waldrand blicken.

Zum großzügigen Gesamteindruck trägt nicht zuletzt die reduzierte Farb- und Materialpalette bei. Weiß gestrichenes Sichtmauerwerk und Eichenparkett binden die offenen Raumzonen auch optisch zusammen, die nun viel mehr Luft nach oben haben: Das Dachtragwerk wurde freigelegt und prägt mit seinem filigranen Holzgerüst das unverwechselbare Wohnambiente – und erinnert zugleich an die Entstehungszeit des Hauses.

Linke Seite Luft nach oben: Die Deckenverkleidung wurde entfernt, das hölzerne Dachtragwerk überspannt den Raum und trägt zum unverwechselbaren Wohnambiente bei.

Links Durchgehende Sichtachsen sorgen für optische Großzügigkeit. Der Schlaftrakt liegt erhöht über dem Entree und lässt sich mit einer Tür komplett abteilen.

Unten links Das warmtonige Eiche-Fischgrätparkett zieht sich durch alle Räume. Die Küche mit freistehender Kochinsel orientiert sich auf die Nordseite.

Unten rechts Im Untergeschoss sind die Zugänge zu Gäste-WC und Technikraum unauffällig wie Tapetentüren in ein deckenhohes Spiegelelement am Fuß der Treppe integriert.

Erdgeschoss

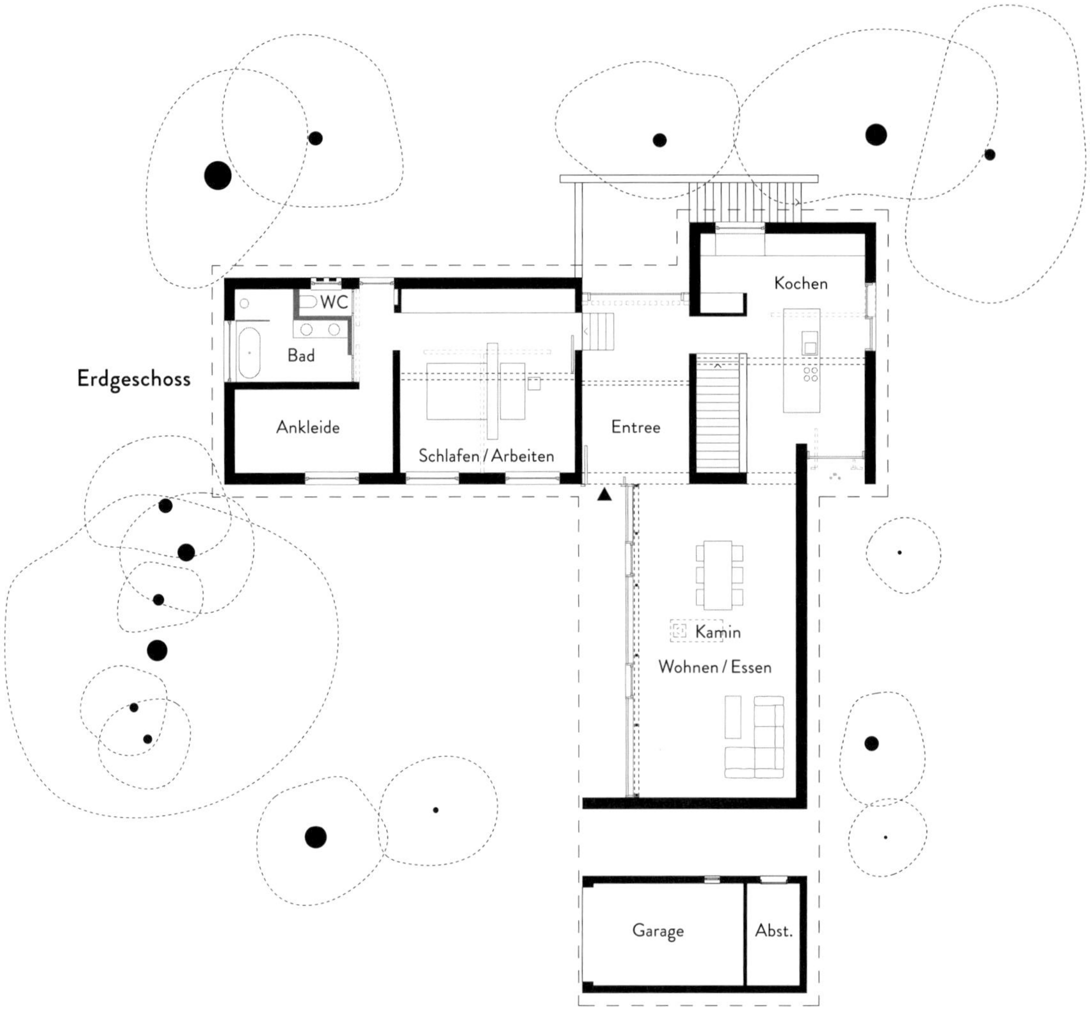

Gartengeschoss

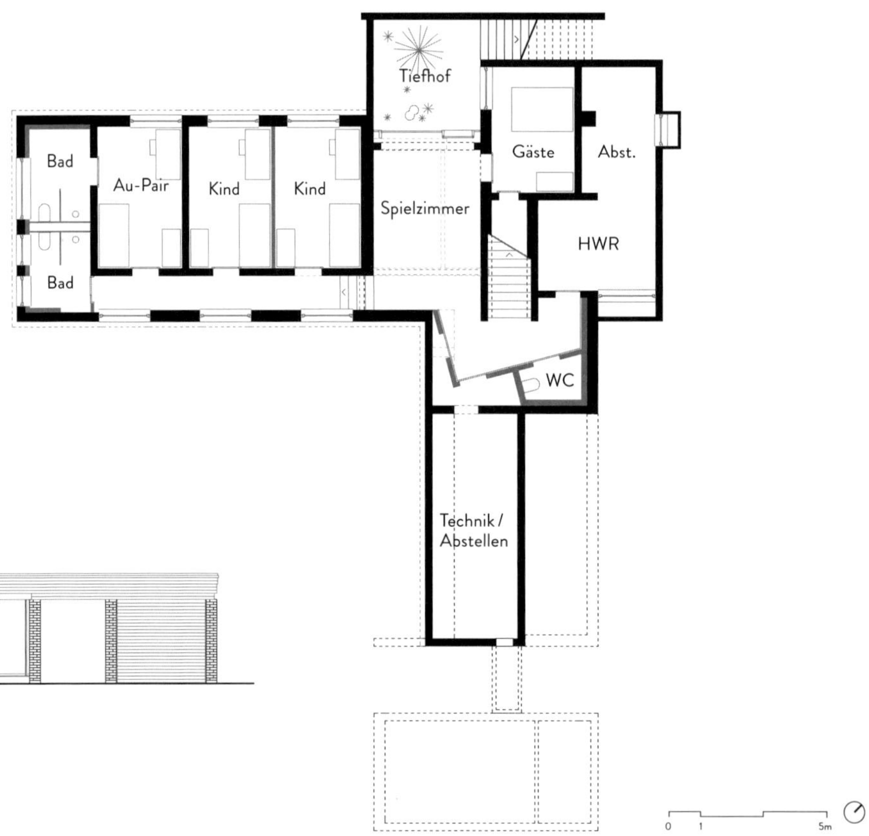

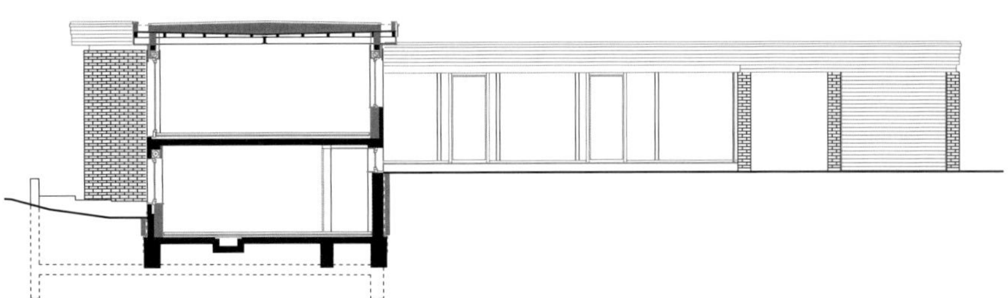

Schnitt

Kurzporträt

- Sanierung und Umbau eines Bungalows aus den 1960er-Jahren unter Beibehalt seines ursprünglichen Charakters und Erscheinungsbildes
- Energetische Ertüchtigung, Dämmung von Dach und Keller, Erneuerung der Fenster
- Hauseingang auf die Terrassenseite verlegt
- Küche vergrößert und zum Wohnbereich hin geöffnet
- Grundriss mit gezielten Eingriffen gelichtet und angepasst
- Dachtragwerk im Innern freigelegt und sichtbar belassen
- Durchgehende Blickachsen für optische Großzügigkeit
- Innenausbau in reduzierter Farb- und Materialpalette

Gebäudedaten

Grundstücksgröße: ca. 800 m^2
Wohnfläche: ca. 200 m^2
Zusätzliche Nutzfläche: ca. 100 m^2
Anzahl der Bewohner: 4
Bauweise: massiv, Mauerwerk
Fassade: Kalksandstein
Energiekonzept: Bestandsheizung, auf Flächenheizung umgerüstet; langfristig Heizungstausch und Photovoltaikanlage anvisiert
Baujahr Bestand: 1968
Fertigstellung Umbau: 2024

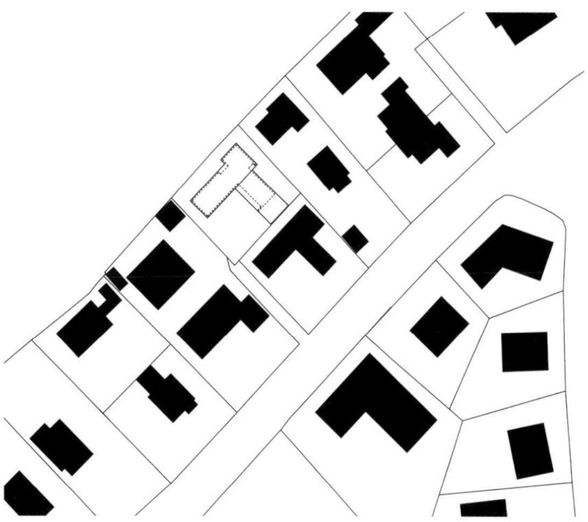

Lageplan

Benjamin Eder und Lena Maria Eder

» Ziel war es, die architektonischen Qualitäten herauszuarbeiten, neue räumliche Aspekte auf einfache Art und Weise umzusetzen sowie den Bau mit angemessenen Mitteln energetisch und haustechnisch instandzusetzen. «

Auszeichnung

KEINE KOMPROMISSE

Casa Barão São Cosme in Porto (Portugal)

depA architects

Es wirkt ein bisschen wie David gegen Goliath: Während sich rechts und links neue Geschosswohnungsbauten in die Höhe recken, behauptet das kleine, gut hundertjährige Haus dazwischen nach wie vor tapfer seine Position. Damit wird es auch symbolisch zu einer leisen, aber demonstrativen Form des Widerstands gegen die zunehmende Gentrifizierung und Bodenspekulation im historischen Zentrum von Porto. Zwar ist das belebte Wohnviertel, das bei der Stadterweiterung im 19. Jahrhundert entstand, noch immer von meist zweigeschossigen Häusern mit typischen Kachelfassaden geprägt – doch in den vergangenen Jahren hat sich das Straßenbild sichtlich verändert. Auch im vorliegenden Fall wären Abriss und Neubau durchaus eine Alternative gewesen, wie das Team von depA architects berichtet, das bereits beim Immobilienkauf von seinen Auftraggebern zu Rate gezogen wurde: »Da die umliegenden Häuser inzwischen viel höher sind, hätten die Bauherren die Möglichkeit gehabt, hier ein rentableres Konzept zu realisieren.« Stattdessen entschieden sie sich jedoch für den Erhalt und Umbau des alten Hauses. Damit stellt die Sanierung der Casa do Barão de São Cosme gewissermaßen auch eine »etwas irrationale Alternative zu ihrem Ersatz durch ein fünfstöckiges Gebäude« dar, wie es das Planerteam formuliert.

Anstelle eines weiteren gesichtslosen Neubaus präsentiert sich das Haus zur Straße hin mit frisch gekachelter Keramikfassade und aufwendig restauriertem, überhöhtem Eingangsportal. Obwohl das Gebäude nicht unter Denkmalschutz steht, legten Auftraggeber und Architekten viel Wert darauf, alle wichtigen historischen Elemente – und damit auch den besonderen Charakter und Charme des Altbaus – zu erhalten. Die meisten Veränderungen fanden daher im Innern und auf der Rückseite statt und sind von der Straße aus nur zu erahnen.

Zwar war die Bausubstanz mit Ausnahme des Dachs in gutem Zustand, dennoch musste der Bestand umfassend saniert und heutigen Standards angepasst werden. Außerdem wünschten sich die Bauherren mehr Platz für größere Familientreffen und zusätzlichen Raum für Übernachtungsgäste.

In der Wohnebene, die bedingt durch einen Geländesprung im Hochparterre über der gebäudeintegrierten Garage liegt, wurde der Grundriss daher stellenweise gelichtet. Ein Wanddurchbruch öffnet die Küche zum Esszimmer. Dieses wiederum ist über enfiladenartige Durchgänge mit den anschließenden Räumen verbunden, sodass sich eine durchgehende Sichtachse über die gesamte Gebäudetiefe bis zur gegenüberliegenden Straßenseite ergibt – was auch optisch für mehr Großzügigkeit sorgt. Um diesen offenen Raumfluss nicht zu unterbrechen, musste das Bad allerdings auf die andere Haushälfte neben das Hauptschlafzimmer verlegt werden. Der ehemalige Nassraum hat sich nun in ein Musikzimmer verwandelt, an dessen frühere Nutzung die bunt gemusterten Bodenfliesen erinnern, die selbstverständlich erhalten blieben. Auch sonst wurden in dieser Etage alle historischen Elemente sorgfältig restauriert: von den geschnitzten Holzverkleidungen der Wände, über die Kassettentüren bis hin zu den reich verzierten Stuckdecken. Ebenso wurden die alten Lärchendielen und Zementfliesenböden liebevoll wieder aufgearbeitet.

In klarem Kontrast dazu stehen die neu hinzugekommenen Elemente und Bauteile, die sich in Form, Farbe und Materialwahl deutlich vom Bestand abheben. Wie etwa der gebäudebreite, wintergartenartige Anbau auf der Hofseite: ein lichtdurchfluteter, raumhoch verglaster Aufenthaltsbereich, der zwischen drinnen und draußen vermittelt. Mit seiner Außenhaut aus patiniertem Zinkblech gibt er sich klar als etwas Neues zu erkennen, ebenso wie die darüberliegende Dachetage: Das flach geneigte Satteldach wurde abgetragen und durch ein Staffelgeschoss in leichter Holzbauweise ersetzt. Dieses bietet nun ausreichend Platz für drei zusätzliche Zimmer mit kleinen vorgelagerten Terrassen – von denen aus man das weitere Baugeschehen im Viertel aus nächster Nähe beobachten kann.

Vorherige Doppelseite Die Straßenfassade des historischen Stadthauses wurde aufwendig restauriert. Auf der Gebäuderückseite dient ein Anbau als Wintergarten.

Links beide Der Bestand von 1903 wurde zum Innenhof hin erweitert und um eine neue Dachetage aufgestockt, die mit patiniertem Zinkblech verkleidet ist.

Oben Der Grundriss des alten Hauses wurde behutsam gelichtet. Nach dem Wegfall einer Trennwand schaut man von der Küche direkt auf den angrenzenden Essplatz.

Oben links Einfiladenartige Durchgänge verbinden die Räume in der Eingangsebene miteinander, sodass man bis auf die gegenüberliegende Straßenseite blicken kann.

Oben rechts Spiel mit Kontrasten: Die neue Küche mit freistehender Kochinsel und einem Fliesenboden im Schachbrettmuster ist ganz in Schwarz-Weiß gehalten.

Rechts oben beide Der Kachelboden im Musikzimmer erinnert daran, dass sich hier zuvor das Bad befand. Ein Oberlicht erhellt den Aufgang in die neue Dachetage.

Rechts unten Mit der Dachaufstockung in Leichtbauweise sind drei zusätzliche, geräumige Schlafzimmer entstanden, die sich um das zentrale Treppenhaus gruppieren.

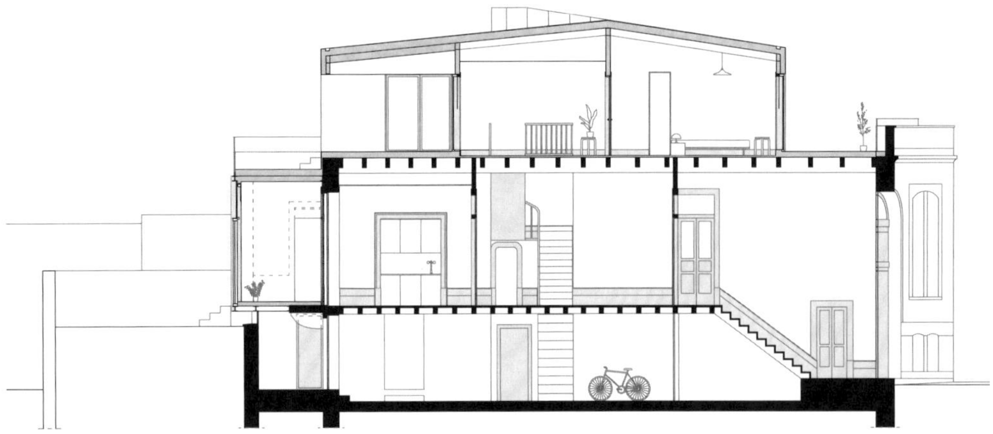

Schnitt

Dachgeschoss

Obergeschoss

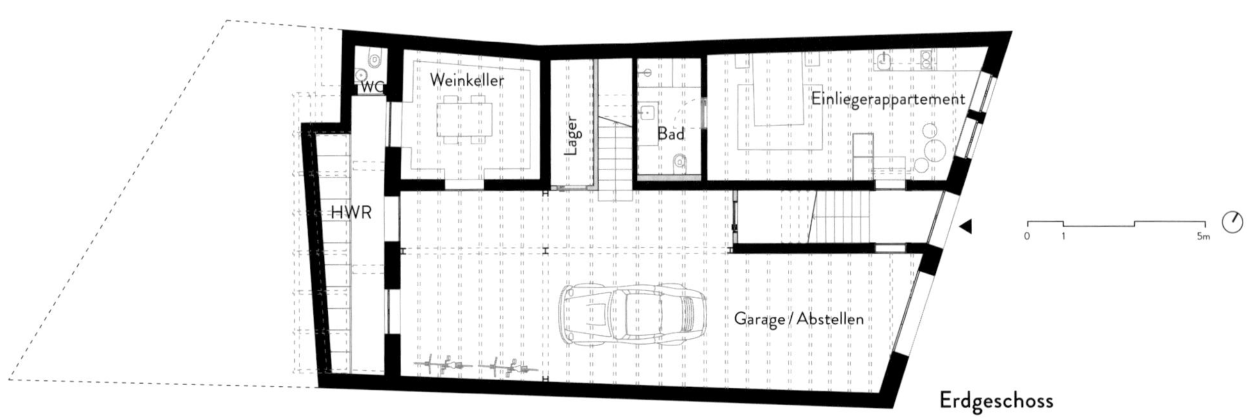

Erdgeschoss

Kurzporträt

- Sanierung, Umbau und Erweiterung eines Stadthauses aus der Jahrhundertwende
- Restaurierung der historischen Straßenfassade
- Grundriss in der Wohnebene mit Wanddurchbrüchen geöffnet
- Optische Großzügigkeit durch enfiladenartige Sichtachsen
- Vergrößerung der Wohnfläche durch Wintergartenanbau und Dachaufstockung in Leichtbauweise
- Erhalt und Renovierung originaler Bauteile (Bodenbeläge, Türen, Stuckornamente, Holzverkleidungen)
- Neue Elemente in Form, Farbe und Materialwahl klar vom Bestand abgesetzt

Gebäudedaten

Grundstücksgröße: 266 m²
Wohnfläche vorher/nachher: 347 m²/374 m²
Zusätzliche Nutzfläche vorher/nachher: 18 m²/69 m²
Anzahl der Bewohner: 8
Bauweise: massiv, Mauerwerk (Bestand), Holzkonstruktion (Erweiterung)
Fassade: Keramikfliesen (Altbau), vorbewitterte Zinkfassade (Erweiterung)
Energiekonzept: Wärmepumpe
Baujahr Bestand: 1903
Fertigstellung Umbau: 2022

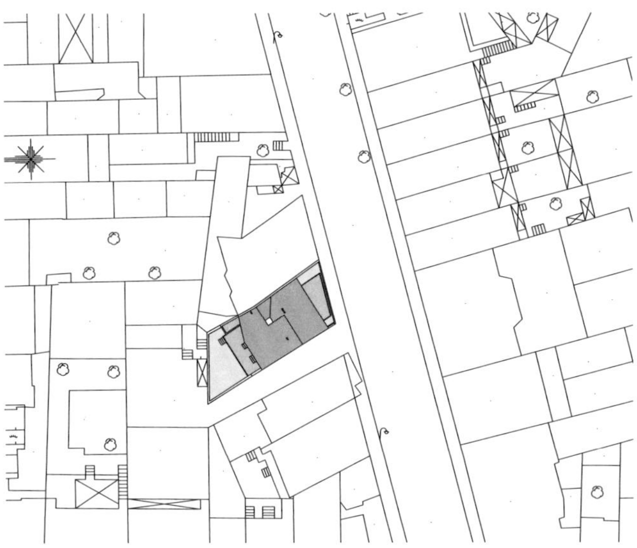

Lageplan

Carlos Azevedo, João Crisóstomo und Luís Sobral, depA architects

» Ziel des Umbaus war es, neue Räume in die bestehende Struktur einzufügen, die Wohnbedingungen zu verbessern und zugleich die besondere Atmosphäre des alten Hauses zu erhalten. «

Auszeichnung

ERFOLGREICH WIEDERBELEBT

Renovierung und Umnutzung Hofstätte Hintergass in Vaduz (Liechtenstein)

Beat Burgmaier Architekten

Sie ist eines der ältesten Gebäude im Fürstentum Liechtenstein – und ein wichtiger Teil des historischen Siedlungskerns von Vaduz: Die Hofstätte Hintergass 35/37 bildet zusammen mit dem nahe gelegenen Roten Haus den Auftakt zum Oberdorf. Die Ursprünge der ehemaligen Winzerhofstätte reichen bis in das Jahr 1494 zurück. Errichtet wurde sie als zweigeschossiges Weinbauernhaus in Mauerwerk und Bohlenständerbauweise über einem Gewölbekeller. Im Lauf der Jahrhunderte wurde sie mehrfach verändert, um eine Stallscheune und Nebengebäude erweitert sowie in zwei Wohneinheiten aufgeteilt. Zuletzt hatte das denkmalgeschützte Ensemble nach einem Brand lange Zeit leer gestanden. Schließlich erwarb die Gemeinde Vaduz den baukulturell bedeutenden Gebäudekomplex, um ihn zu sanieren und mit einem zeitgemäßen Nutzungskonzept neu zu beleben. Dies ist sichtlich gelungen: Heute befinden sich im Haupthaus zwei Ferienwohnungen, die ehemalige Scheune dient als kultureller Veranstaltungsraum.

Die Renovierung und den Umbau übernahm das ortsansässige Büro Beat Burgmaier Architekten, das aus einem Einladungswettbewerb hervorgegangen war. Und dem es mit viel Gespür und großem Respekt vor dem Bestand gelungen ist, die historischen Räume mit behutsamen Eingriffen an ihre neue Nutzung anzupassen, zugleich ihren Charakter zu bewahren und ihre besonderen Qualitäten herauszuarbeiten: »Im Mittelpunkt des architektonischen Konzepts stand der Erhalt und die Stärkung der wertvollen Bausubstanz. Konservierende und restaurierende Maßnahmen wurden durch zurückhaltende, additive und somit reversible Eingriffe ergänzt«, wie Burgmaier erläutert.

Ziel war es insbesondere, die ursprünglichen Raumstrukturen wiederherzustellen. Vorangegangene Einbauten wurden daher entfernt, frühere Durchgänge reaktiviert sowie die originale Bausubstanz – etwa alte Bohlenwände, Dielenböden oder Putzflächen – freigelegt und restauriert. Fehlende oder zerstörte Bauteile wurden ersetzt, Fenster, Türen und Vertäfelungen nach historischem Vorbild rekonstruiert. Dabei legten alle Beteiligten viel Wert auf traditionelle Handwerkstechniken und den Einsatz regionaler Materialien. Auch dort, wo zeitgemäße Elemente oder nachträgliche Einbauten hinzukamen, sind diese sensibel in den Bestand integriert, sodass sich ein stimmiges Ganzes ergibt.

Im ehemaligen Weinbauernhaus entstanden so zwei großzügige, maisonetteartige Ferienwohnungen, die jeweils über drei Etagen reichen. Man betritt sie – wie seit jeher üblich – über die Küchen, an die sich die Stuben sowie die Treppen ins Obergeschoss anschließen. Die unbeheizten Dachräume dienen als Spiel- oder Lesegalerie.

Die Spuren der Vergangenheit sind hier überall präsent, nichts wurde unnötig aufgehübscht oder geglättet: Die Holzriemenböden sind fachmännisch aufgearbeitet, haben ihre Patina jedoch nicht verloren. Das holprige Katzenkopfsteinpflaster, das während der Bauphase in der Küche von Haus 35 zum Vorschein kam, bildet einen reizvollen Kontrast zu den modernen, formal reduzierten Möbeleinbauten. Im Esszimmer wiederum trifft eine freigelegte Bohlenbretterwand auf frisch verputzte weiße Oberflächen. Jeder Raum hat seine eigene Geschichte und eine unverwechselbare Atmosphäre: mit hohen Türschwellen, niedrigen Durchgängen, krummen Balken und steilen Treppen.

Ein besonderes Ambiente bietet auch der gut 500 Jahre alte Gewölbekeller unter dem Haus, den die ortsansässige Winzergenossenschaft für Weinbaukurse und Degustationen nutzt. Die ehemalige Stallscheune hingegen hat sich, ergänzt um Technik- und Lagerflächen, in einen zeitgemäßen Veranstaltungsraum verwandelt. Und im Garten wird wieder wie früher Wein angebaut: Er ist mit alten Rebsorten bepflanzt und wird als so genannter Lehrwingert auch für Schulungszwecke genutzt. Nebenan bietet eine berankte Pergola den Feriengästen und Besuchern einen großzügigen, geschützten Freisitz – mit weitem Blick Richtung Schloss, Tal und Gebirge. »Das Gebäudeensemble bleibt als lebendiger Zeitzeuge im Ortsbild präsent und wird gleichzeitig zum Begegnungsort für heutige und künftige Generationen«, fasst Burgmaier zusammen.

Vorherige Doppelseite Das historische Weinbauernhaus bietet Platz für zwei Ferienwohnungen mit getrennten Eingängen, die ehemalige Scheune dient als Kulturraum.

Links beide Die Ursprünge der einstigen Winzerhofstätte reichen bis in das 15. Jahrhundert zurück. Das Wohngebäude an der Straße wurde originalgetreu restauriert.

Oben Man betritt die Wohnung in der östlichen Haushälfte wie seit jeher üblich über die Küche. Das Katzenkopfsteinpflaster kam beim Umbau wieder zum Vorschein.

Unten beide Die originale Bausubstanz, wie etwa die Holzbohlenwand im Esszimmer, wurde freigelegt und macht die Geschichte des Hauses auch im Innern präsent.

Links oben Eine steile Treppe führt von der Stube im westlichen Haustrakt in die obere Etage. Die Wandvertäfelungen wurden nach historischem Vorbild rekonstruiert.

Links unten Die Spuren der Vergangenheit bleiben überall ablesbar. Die alten Holzriemenböden wurden aufgearbeitet, haben ihre Patina jedoch behalten.

Ganz oben beide Neue Elemente und Einbauten wurden zurückhaltend in den Bestand integriert. Auch der Fliesenboden im Bad fügt sich stimmig ins Gesamtkonzept.

Rechts Völlig verwandelt: Die ehemalige Scheune neben dem Wohntrakt dient als Kultur- und Veranstaltungsraum, der auf verschiedenen Ebenen bespielt werden kann.

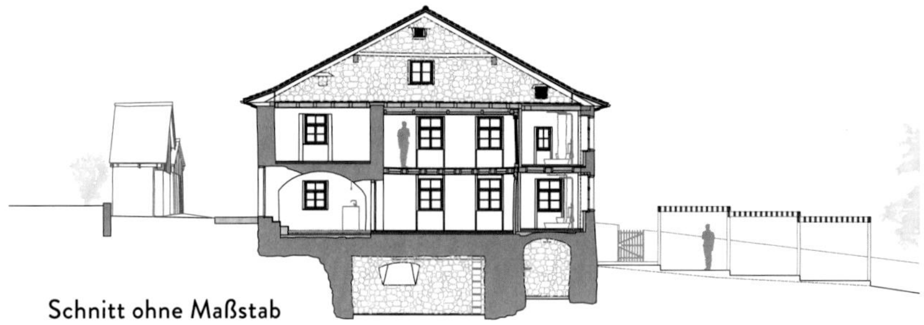

Schnitt ohne Maßstab

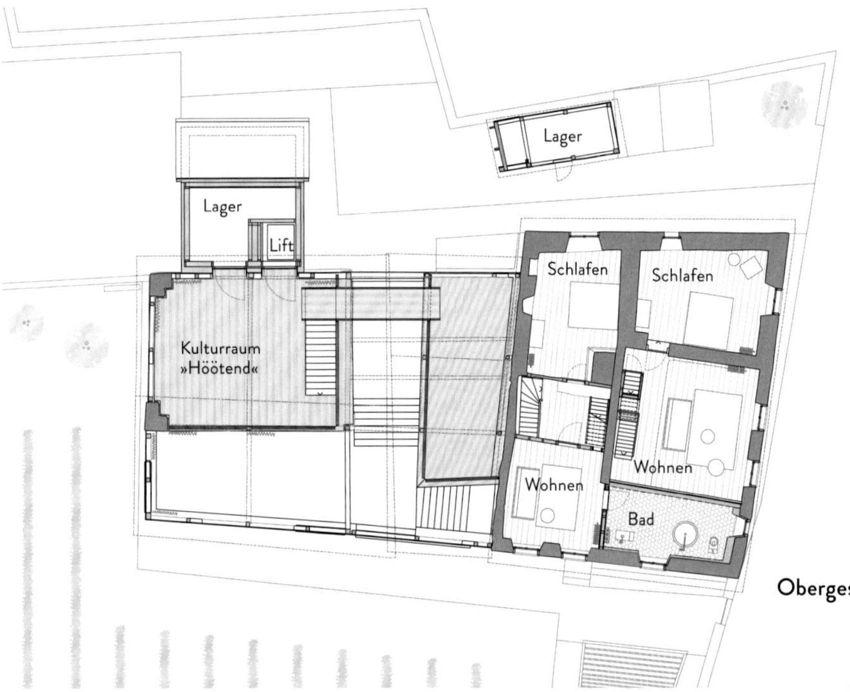

Obergeschoss

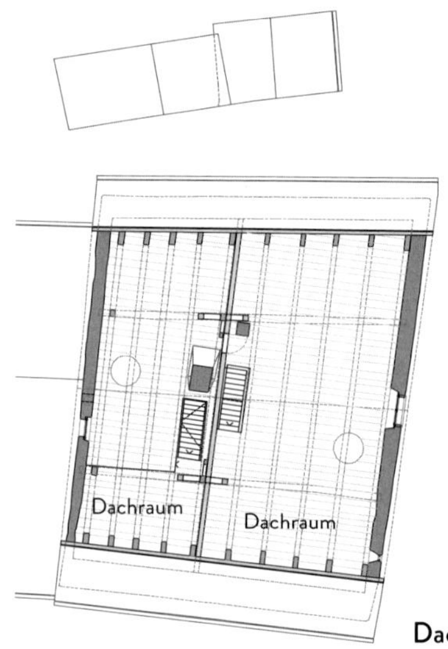

Dachgeschoss

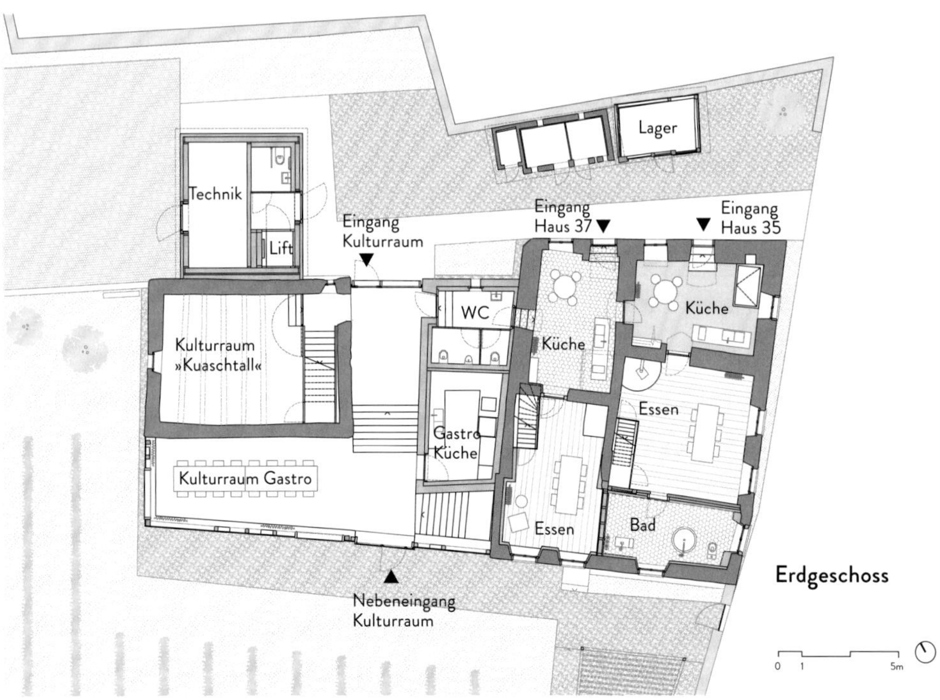

Erdgeschoss

Kurzporträt

- Renovierung und Umnutzung einer denkmalgeschützten Hofstätte aus dem 15. Jahrhundert im historischen Siedlungskern
- Ehemaliges Weinbauernhaus in Gästewohnungen umgewandelt (Ferien im Baudenkmal)
- Umbau der Stallscheune zum kulturellen Veranstaltungsraum, Erweiterung um Lager- und Technikflächen
- Erhalt und strukturelle Stärkung des Bestands, Freilegen der historischen Bausubstanz, Wiederherstellen der ursprünglichen Raumstrukturen
- Hohe handwerkliche Präzision, Einsatz traditioneller Verarbeitungstechniken, authentischer Materialien und regionaler Baustoffe
- Erhalt von Patina als Zeugnis der Gebäudegeschichte

Gebäudedaten

Grundstücksgröße: 1.457 m²
Wohnfläche nach Umbau: 304 m² (2 Wohneinheiten)
Zusätzliche Nutzfläche: 66 m² (Weinkeller), 171 m² (Kulturraum), 32 m² (Technik)
Anzahl der Bewohner: 4 je Wohneinheit
Bauweise: massiv, Außenwände Bruchsteinmauerwerk, Trennwände Bruchsteinmauerwerk mit Kalkputz, teilweise Holzbohlenwände, Decken EG und OG in Holzbauweise
Fassade: Kalkputz
Energiekonzept: Fernwärme, Radiatorenheizung; Low-Tech Konzept, generell wird das Gebäude im Winter nur frostfrei gehalten
Heizwärmebedarf: 102 kWh/m²a
Primärenergiebedarf: 70 kWh/m²a
Baujahr Hauptgebäude Bestand: 1494
Fertigstellung Umbau: 2025

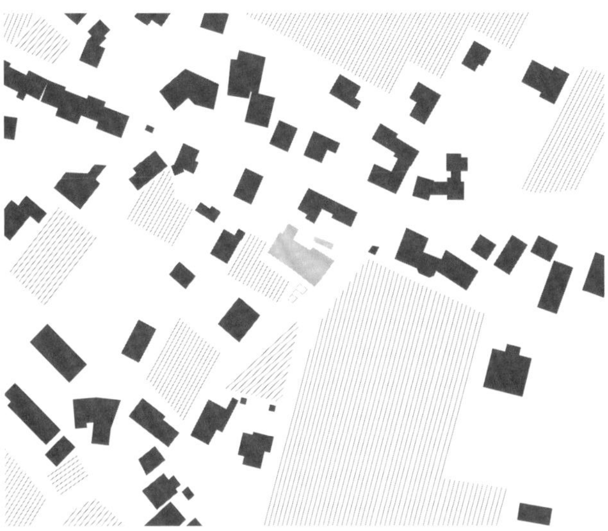

Lageplan

Beat Burgmaier

» Im Mittelpunkt des Konzeptes standen Erhalt und Stärkung der wertvollen Bausubstanz. Konservierende und restaurierende Maßnahmen wurden durch zurückhaltende, additive und somit reversible Eingriffe ergänzt. «

Auszeichnung

FARBE IM SPIEL

Casa Jerónimo in Resende (Portugal)

Stefano Riva

Das Douro-Tal im Norden Portugals gehört zu den weltweit bekanntesten und ältesten Weinbaugebieten. Über Jahrhunderte hinweg haben die Bauern das Gelände hier kultiviert und verändert: Um den steilen Hängen möglichst viel ebene Anbaufläche abzugewinnen, errichteten sie massive Stützmauern aus gestapelten Granitsteinen und Felsen, sodass im Lauf der Zeit eine von Menschenhand geschaffene Kulturlandschaft entstanden ist, die »funktional und poetisch zugleich ist – und paradoxerweise natürlich wirkt«, wie der Architekt Stefano Riva feststellt. Auch deswegen sollten bauliche Eingriffe hier mit besonderem Bedacht erfolgen: »In diesem Kontext läuft Architektur oft Gefahr, als aufdringliche Geste zu wirken«, so der Planer. Genau das Gegenteil war daher auch sein Ziel bei der Konzeption der Casa Jerónimo, nämlich »in Kontinuität mit dem Land zu bauen, eine neue Schicht hinzuzufügen, ohne den Rhythmus des Ortes zu stören.«

Entstanden ist das Haus als Feriendomizil auf dem familieneigenen Grundstück der Bauherren, einem weitläufigen Areal am Rand der Kleinstadt Resende, am Fuß des Montemuro-Gebirges. Verstreut zwischen den Weinbergen liegen hier verlassene Bauernhäuser und verfallene Wirtschaftsgebäude, die an frühere Generationen und die lange landwirtschaftliche Tradition der Gegend erinnern. Aus einem dieser ruinösen Gebäude – einem ehemaligen Bauernhaus, von dem nur noch die verwitterten Außenmauern erhalten waren – ragt nun ein kantiger, skulptural anmutender Bau aus rosafarben pigmentiertem Sichtbeton hervor. Dabei wurden die bestehenden Mauern zum zentralen Ausgangspunkt für Rivas Entwurf: Indem er den rudimentären, archaisch einfachen Bestand aus groben Bruchsteinen erhielt und in sein Konzept einband, knüpft er an die Geschichte des Ortes an, setzt mit einer zeitgemäßen Architektursprache jedoch zugleich einen klaren Kontrapunkt, ohne sich dominant in den Vordergrund zu drängen.

Die mächtigen Umfassungsmauern aus Granit umschließen den massiven, monolithischen Betonbau, der sich am Grundriss des alten Bauernhauses orientiert, wie eine zweite Hülle. Zwischen Alt und Neu, grobem Steingemäuer und glatten Betonwänden, äußerem und innerem Haus ergibt sich ein spannungsreicher Dialog: Mal dockt das Wohngebäude direkt an den Bestand an, mal löst es sich von ihm und geht auf Distanz, sodass sich Zwischenräume und kleine atriumartige Innenhöfe ergeben. Es sind Übergangsbereiche, die zwischen drinnen und draußen vermitteln, in denen Bäume wachsen und Kletterpflanzen emporranken, sodass eine Art ummauerter Garten entsteht, der Architektur und Natur miteinander verwebt.

Große Glasfronten und gezielt gesetzte Öffnungen machen das historische Mauerwerk auch im zentralen Wohnbereich im Erdgeschoss überall präsent. Breite Durchlässe in den massiven Steinwänden – etwa dort, wo sich früher die Eingangstür zum alten Bauernhaus befand – lenken den Blick wiederum gezielt in die freie Landschaft und auf die umgebenden Weinberge. Im Gegensatz zur Transparenz des Erdgeschosses wirkt die obere Etage mit den privaten Rückzugsräumen sowie der Bibliothek mit ihren sparsam verteilten Öffnungen wesentlich introvertierter. Dafür profitiert sie jedoch mit einem kleinen Südbalkon von der besseren Fernsicht.

Mit seiner rosa pigmentierten Außenhaut stellt das Haus einen Bezug zur regionalen Architektur her. Insbesondere aber auch zu den Farben des Douro-Tals, dessen Landschaft im Herbst durch das Laub der Weinblätter in rötliche Töne getaucht wird – während der Bau in der übrigen Jahreszeit einen kraftvollen Kontrast zum tiefen Grün der umliegenden Weinberge bildet. Sich mit dem Ort und seiner landwirtschaftlichen Vergangenheit auseinanderzusetzen war dem Architekten ein besonderes Anliegen: »Letztlich geht es bei dem Projekt weniger darum, auf dem Land zu bauen, als vielmehr darum, mit ihm zu bauen«, wie Riva zusammenfasst.

Vorherige Doppelseite Von der Ruine zum Refugium: Das Wohngebäude ist zwischen die steinernen Außenwände eines längst verfallenen Bauernhauses eingebettet.

Links beide Von dem Gehöft inmitten der Weinberge waren zuletzt nur noch die verwitterten Granitmauern erhalten, die als Ausgangspunkt für den Entwurf dienten.

Oben Der Betonbau fügt sich zurückhaltend in Topografie und Landschaft ein, setzt mit seiner farbigen Außenhaut jedoch auf Kontraste zum satten Grün ringsum.

Rechts Kleine atriumartige Höfe verzahnen Innen- und Außenraum miteinander, geschosshohe Glasfronten lassen das Tageslicht tief ins Gebäudeinnere vordringen.

Links oben Eine Schrankwand teilt den Essplatz von der dahinterliegenden Küche ab. Die Deckenleuchte folgt mit elegantem Schwung der Geometrie des Raumes.

Links unten Wesentlich introvertierter wirken die privaten Rückzugsräume in der oberen Etage. Von der Bibliothek gelangt man in den anschließenden Schlaftrakt.

Rechts oben Gezielt gesetzte Öffnungen machen das Alte auch im Neuen stets präsent: Vom Wohnraum blickt man auf den ehemaligen Eingangsbereich des Bauernhauses.

Rechts unten Mit seiner unregelmäßigen Umrissform orientiert sich der Bau am natürlichen Geländeverlauf und hält dabei respektvoll Abstand zu einem Granitfelsen.

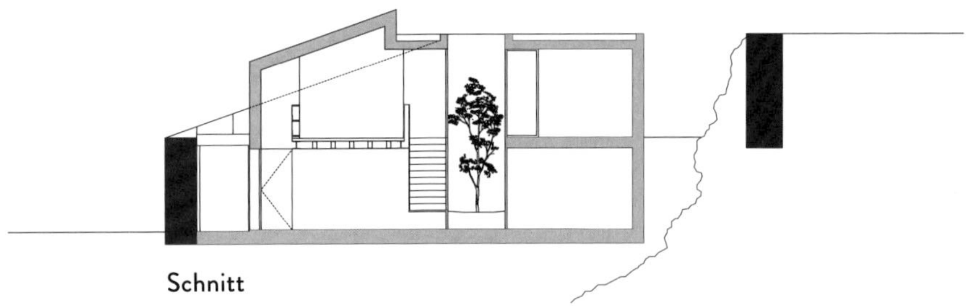
Schnitt

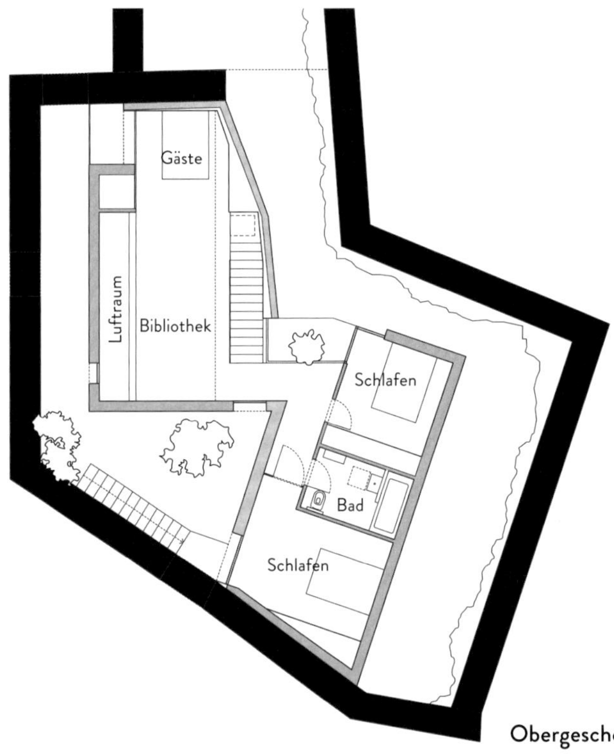

Obergeschoss

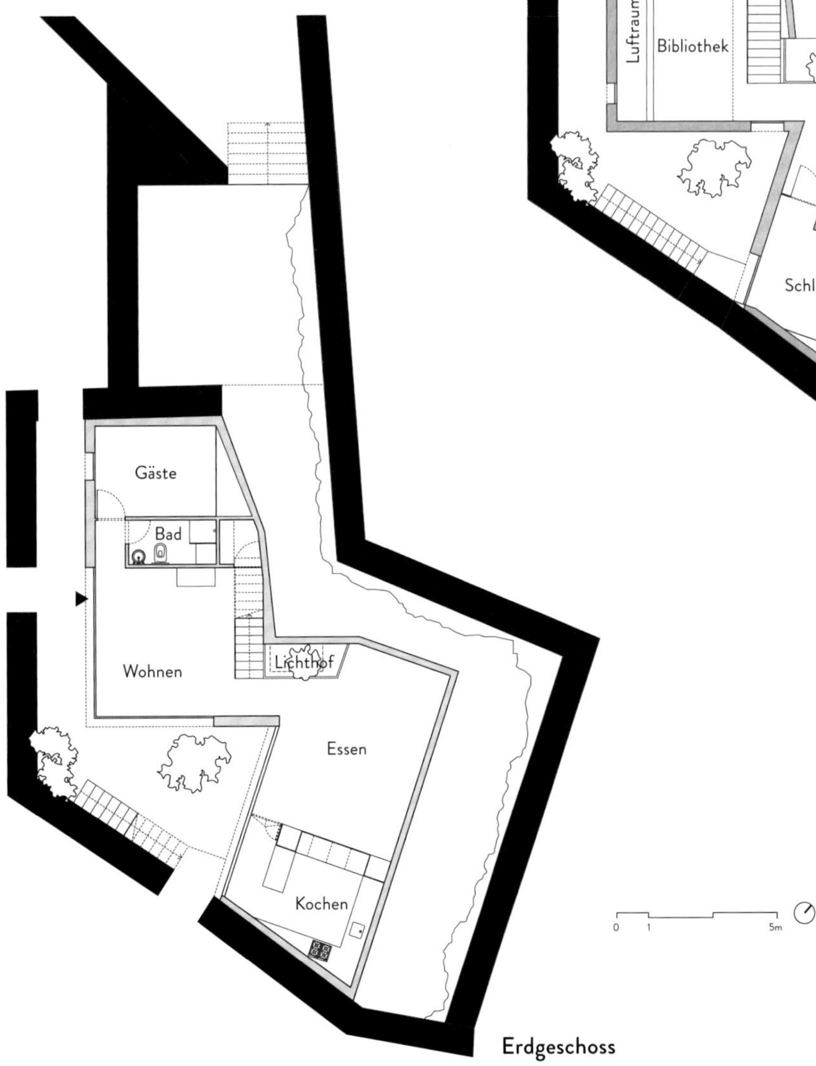

Erdgeschoss

Kurzporträt

- Feriendomizil zwischen die Außenmauern eines ruinösen Bauernhauses eingebettet
- Skulpturaler, monolithischer Baukörper aus pigmentiertem Sichtbeton, zurückhaltend in Topografie und Landschaft eingefügt
- Atriumhöfe als introvertierte Übergangszonen zwischen Innen- und Außenraum
- Offener Wohnbereich im Erdgeschoss mit vielfältigen Sichtbeziehungen zwischen altem und neuem Haus
- Große Glasfronten für weite Blicke in die Landschaft
- Innenausbau auf wenige Farben und Materialien reduziert

Gebäudedaten

Grundstücksgröße: 205 m²
Wohn- und Nutzfläche: 190 m²
Anzahl der Bewohner: 2
Bauweise: massiv, Ortbeton
Fassade: Sichtbeton, rosa pigmentiert
Energiekonzept: Solaranlage, Fußbodenheizung, natürliche Querlüftung im Sommer
Baujahr Bestand: 1875
Fertigstellung Umbau: 2024

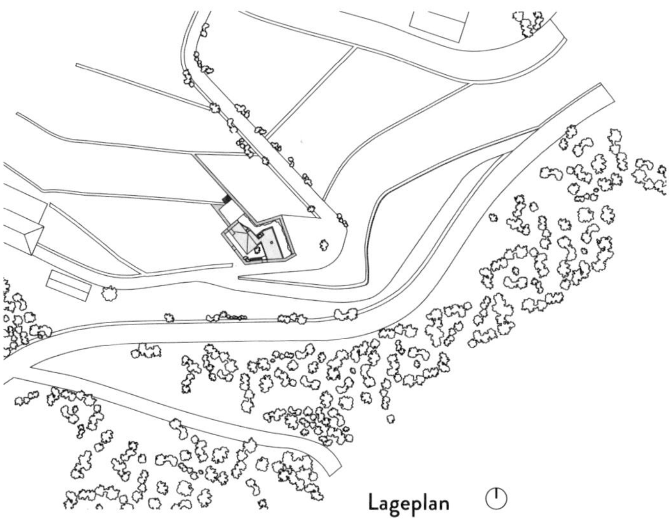

Lageplan

Stefano Riva

» Das neu eingefügte Volumen interagiert mit den bestehenden Mauern und nutzt die Zwischenräume als Übergangsbereiche zwischen drinnen und draußen. «

Auszeichnung

FLURBEREINIGUNG

Umbau eines Bauernhauses in Schwarzenberg (Österreich)

Innauer-Matt Architekten

Vorherige Doppelseite Zwischen beiden Haushälften wurde eine neue Raumschicht eingefügt. Die Glasfassade macht den Eingriff auch nach außen hin ablesbar.

Rechts oben beide Ähnlich wie traditionelle Flurküchen dient der lichtdurchflutete Zwischenraum als Erschließungszone und Aufenthaltsbereich zugleich.

Links Das Bregenzerwälderhaus fügt sich aus zwei verschiedenen Trakten zusammen. Der östliche, historische Gebäudeteil an der Talseite wurde in Strickbauweise errichtet.

Rechts unten Zimmer mit Aussicht: In Anlehnung an den sogenannten Schopf bei alten Bauernhäusern entstand im Süden ein witterungsgeschützter Freisitz.

Umrahmt von bewaldeten Bergkuppen und eingebettet in die hügelige Landschaft des Bregenzerwalds liegt die Vorarlberger Gemeinde Schwarzenberg. Zwar entstehen auch hier mittlerweile immer mehr Neubauten, doch nach wie vor prägen traditionelle Bauernhäuser das Orts- und Landschaftsbild. Etwas abseits vom Dorfkern, am Rand eines kleinen Gebäudeensembles, steht auch das Bregenzerwälderhaus, das Markus Innauer und Sven Matt umgebaut haben.

Das mächtige Bestandsgebäude, das seit vielen Generationen in Familienbesitz ist, fügt sich aus zwei verschiedenen Trakten zusammen: Der vordere Hausteil, der sich auf die Talseite im Osten orientiert, entstand um 1780 und wurde in Strickbauweise, einer jahrhundertealten Tradition des alpinen Blockbaus, errichtet. Die andere Gebäudehälfte, das so genannte Hinterhaus, kam erst in den 1980er-Jahren hinzu.

In der Vergangenheit hatten die wechselnden Bewohner das Haus durch zahlreiche Ein- und Umbauten verändert. Vor allem im Durchgangsbereich zwischen beiden Gebäudetrakten waren nachträglich diverse Abstell- und Nebenräume entstanden, sodass alles etwas verbastelt wirkte. Die junge Baufamilie, die in das Vorderhaus einzog, hatte daher den Wunsch nach einer »klaren und zugleich mutigen räumlichen Geste – eine, die den besonderen Charakter des Bestands respektiert und zugleich neu interpretiert«, wie das Architektenteam den Planungsauftrag zusammenfasst. Zugleich sollte auch der historische Strickbau saniert und an die Wohnbedürfnisse der vierköpfigen Familie angepasst werden.

Im Zuge des Umbaus entwickelte sich der bislang undefinierte Zwischenraum zwischen beiden Haushälften zum Dreh- und Angelpunkt des neuen Grundrisskonzepts: Nachdem hier alle störenden Einbauten entfernt waren und wieder klare Verhältnisse herrschten, fügte das Planerteam eine neue Raumschicht in Form eines doppelgeschossigen Holzständerbaus in die Gebäudehülle ein. Dieser schiebt sich als schmaler Trakt zwischen dem Hinterhaus und den bestehenden historischen Räumen quer durch das ganze Gebäude. In Anlehnung an die traditionellen Flurküchen entstand damit das neue Zentrum des Familienlebens, das mehrere Funktionen zugleich erfüllt: Es ist geräumiges Entree, Wohnküche und Essplatz, Aufenthalts- und Verteilerzone sowie Treppenhaus zugleich.

Sowohl im Eingangsbereich im Norden als auch über dem Essplatz im Süden stellt ein zweigeschossiger Luftraum den Sichtkontakt in die obere Etage her, was auch in der Vertikalen für mehr Großzügigkeit sorgt: »So wird ein Ausgleich zu den typischerweise sehr geringen Raumhöhen des Bregenzerwälderhauses geschaffen – es entsteht eine angenehme Abwechslung zwischen hohen und niedrigen Räumen«, erklären die Architekten. Und nicht nur das: Da die Fassade im Bereich des neuen Einschubs an beiden Stirnseiten komplett verglast ist, kann das Tageslicht tief ins Gebäudeinnere vordringen, was den luftigen Raumeindruck noch verstärkt. Zum zeitgemäßen Wohnambiente trägt auch der homogene Innenausbau bei, der in seiner Schlichtheit gut zum Charakter des alten Bauernhauses passt: Wand- und Deckenverkleidungen sind aus Weißtannenholz, auf dem Boden liegen sägeraue Eichendielen.

Mit seiner lichten Offenheit bildet der neue Gemeinschaftsbereich ein Gegengewicht zu den angrenzenden Zimmern im historischen Strickbau. Diese haben mit ihren kompakten Abmessungen und niedrigen Deckenhöhen einen intimeren Charakter und öffnen sich mit kleinformatigen Fenstern zum Tal. Die ursprüngliche, jahrhundertealte Gebäudestruktur blieb im Wesentlichen erhalten und wurde behutsam renoviert.

Auch an der typischen Lochfassade des Bestands hat sich wenig verändert: Sie erhielt lediglich ein frisches Schindelkleid, hinter dem sich die Dämmung verbirgt. Die doppelgeschossigen Glaselemente mit ihrer feinen, vertikalen Gliederung hingegen machen den neuen Eingriff auch nach außen hin ablesbar. »Im lebhaften Zusammenspiel zwischen Alt und Neu ist ein besonderes Zuhause entstanden – weitergedacht, weitergelebt und weitergestrickt«, wie Innauer und Matt zusammenfassen.

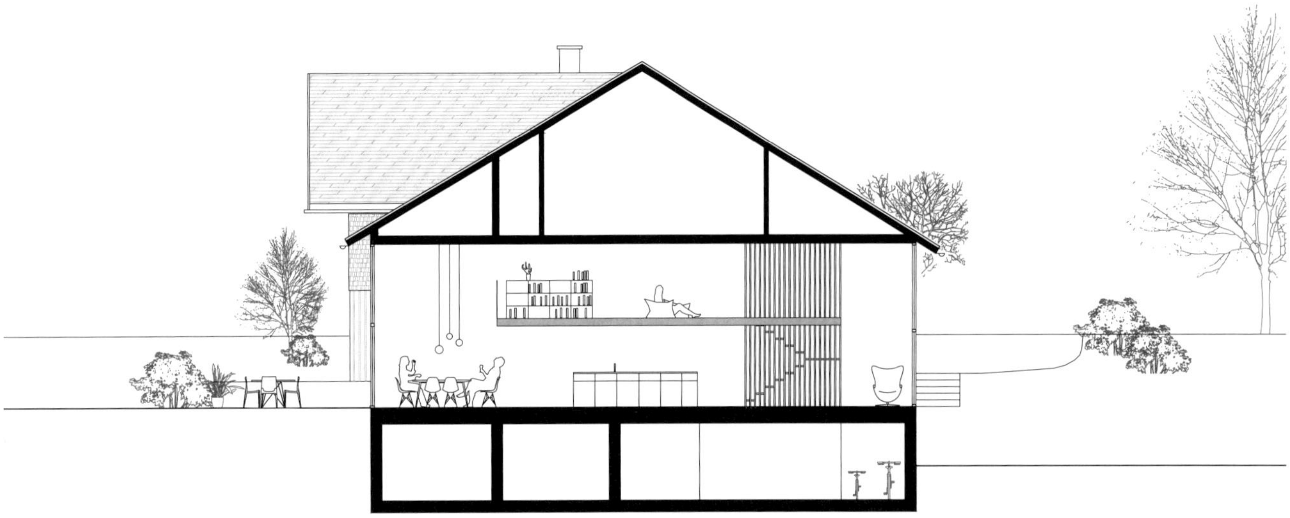

Schnitt

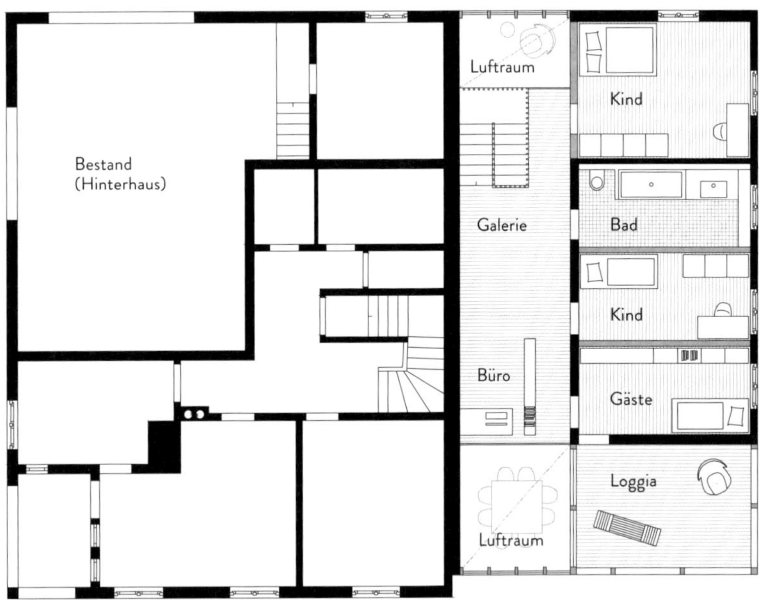

Obergeschoss

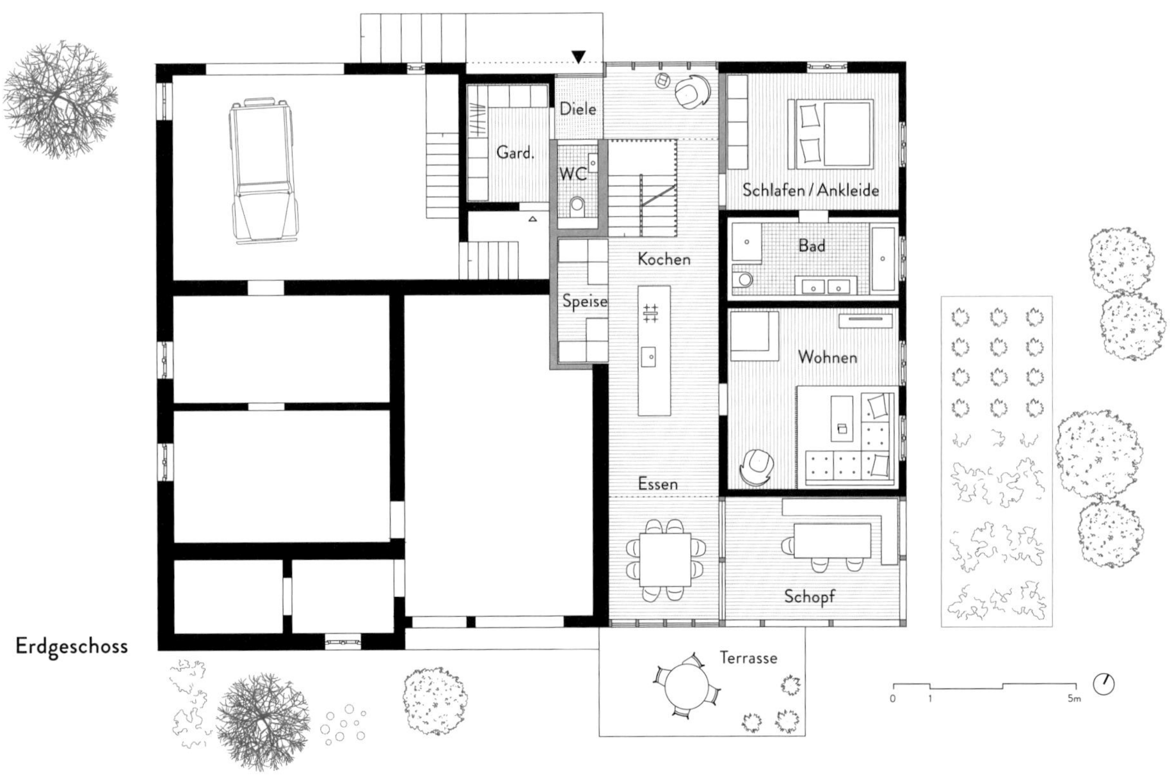

Erdgeschoss

Kurzporträt

- Umbau und Sanierung eines Bregenzerwälderhauses
- Holzständerbau als neue Raumschicht in Bestand eingefügt, ohne dessen Kubatur zu verändern
- Eingangssituation neu gestaltet
- Zentrale Wohnküche als offener Gemeinschaftsraum in Anlehnung an traditionelle Flurküchen
- Gebäudehohe Glasfassade für optimalen Lichteinfall
- Optische Großzügigkeit durch doppelgeschossige Lufträume
- Homogener Innenausbau in Holz
- Räume im Strickbau renoviert, Einbau neuer Bäder
- Witterungsgeschützte Freisitze auf beiden Etagen

Gebäudedaten

Grundstücksgröße: 2.210 m^2
Wohnfläche vorher/nachher: 120 m^2/177 m^2
Zusätzliche Nutzfläche vorher/nachher: 50 m^2/31 m^2 (Schopf und Terrasse)
Anzahl der Bewohner: 4
Bauweise: Strickbauweise (historischer Bestand), Holzständerbau (neuer Einschub)
Fassade: Holzschindel, Holzwolle-Dämmplatten
Energiekonzept: Nahwärme von der Biomasseheizanlage des Nachbarn
Heizwärmebedarf: 57 kWh/m^2a
Baujahr Bestand: um 1780 bzw. 1989 (Hinterhaus)
Fertigstellung Umbau: 2022

Lageplan

Markus Innauer und Sven Matt

» Der Einschub interpretiert die Typologie der Flurküche als neue Wohnküche der Familie. «

GLÄSERN UND GROSSZÜGIG

Umbau eines Bungalows in Mainz

Anja Grünewald

Vorherige Doppelseite Der Flachdachbungalow wurde 1965 in klassisch-moderner Formensprache auf einem Gartengrundstück mit schönem Baumbestand errichtet.

Links Das Haus war gut erhalten, jedoch stark renovierungsbedürftig. Die Deckenvertäfelung und der Natursteinkamin sind typische Details aus der Erbauungszeit.

Rechts oben Raumhohe gläserne Schiebeelemente schaffen fließende Übergänge zwischen drinnen und draußen. Ein Wasserbassin sorgt an heißen Tagen für Abkühlung.

Rechts unten Nach außen hin präsentiert sich der Bau unverändert mit seiner charakteristischen Attikaverkleidung, die seine horizontale Ausrichtung zusätzlich betont.

Der Bungalow ist ein Haustyp mit vielen Vorzügen, auch weil er die Qualitäten großzügigen, offenen Wohnens perfekt mit dem Außenraum verknüpft. Seine Blütezeit erlebte der Flachdachriegel hierzulande in der Aufbruchstimmung der 1960er-Jahre – wobei vor allem die Villen der kalifornischen Moderne mit ihrer zeitlos eleganten Formensprache zu seiner Popularität beigetragen haben. Mittlerweile sind viele der eingeschossigen Häuser in die Jahre gekommen und werden oft abgerissen, um angesichts schwindender Baulandreserven die Grundstücke effizienter zu nutzen. Andere Gebäude wiederum werden durch unsensible Umbauten und Sanierungen in ihrer klaren Architektur entstellt oder verfälscht.

Dass es auch viel besser geht, zeigt dieser Bungalow auf einem schön eingewachsenen Gartengrundstück in der Mainzer Oberstadt. Auf das leerstehende Gebäude waren die Architektin Anja Grünewald und ihr Mann per Zufall aufmerksam geworden. Dabei waren die beiden gar nicht auf Immobiliensuche: »Manchmal findet einen das Haus – nicht umgekehrt«, wie die Planerin rückblickend feststellt. Den weitläufigen Bau, den das Mainzer Büro Gill und Laubach im Jahr 1965 errichtet hatte, umgab ein Hauch von Kalifornien, »klar, modern, inspiriert von Richard Neutra«, beschreibt Grünewald die architektonische Handschrift.

Zwar war der Bestand gepflegt und gut erhalten, zumal in den 1980er-Jahren bereits erste Modernisierungen stattgefunden hatten. Dennoch war der Bau stark renovierungsbedürftig, manche Fenster etwa hatten nur Einfachverglasungen. »Ziel war es, den architektonischen Geist des Hauses zu bewahren, ihn nicht zu überformen, sondern in unsere Zeit zu überführen«, wie die Architektin ihr Konzept für die Sanierung zusammenfasst.

Dabei verfolgte sie konsequent eine klare Linie, um Innen- und Außenraum noch enger miteinander zu verbinden: Die funktional überholten, großflächigen Verglasungen wurden gegen neue, raumhohe Schiebeelemente ausgetauscht, die sich großzügig zum Garten hin öffnen. Dank des Einbaus einer Fußbodenheizung wird der freie Blick nach draußen nirgendwo mehr von Radiatoren verstellt. Andernorts wurden Brüstungshöhen abgesenkt, Fenster teils vergrößert oder nachträglich neu eingefügt.

Mit einer massiven Eichenholztür erhielt auch der Hauseingang ein neues Gesicht. Im Übrigen präsentiert sich der Bau unverändert mit seiner charakteristischen, weiß gestrichenen Fassade aus Kalksandstein und einer bauzeittypischen umlaufenden Attikaverkleidung, die die Horizontale betont. Auf eine Außendämmung wurde hier bewusst verzichtet, auch um das Erscheinungsbild nicht zu verändern.

Ebenso bedurfte der gut angelegte, funktional gegliederte Grundriss nur kleinerer gezielter Eingriffe und Anpassungen: Das WC im Eingangsbereich wurde zugunsten eines großzügigeren Entrees verlegt, die Bäder haben sich im Zuschnitt verändert, ein früherer Abstellraum verwandelte sich in ein Gästezimmer. Küche, Ess- und Wohnbereich gehen nach dem Wegfall einer Zwischenbrüstung nun auf leicht versetzten Ebenen nahtlos ineinander über.

Kommunikativen Mittelpunkt des Hauses bildet der lichtdurchflutete Wohnraum mit einer markanten Kaminwand aus Naturstein sowie einer in den Boden eingelassenen, vertieften Sitzlandschaft, dem sogenannten Conversation Pit: Diese für das amerikanische Mid-Century-Design charakteristische Sitzgrube dient als gemütlicher, loungeartiger Rückzugsbereich und wurde mit maßgefertigten Polstern neu ausgestattet.

Fugenloser Gussbodenbelag, geölte Eichenholzdielen, weiße Decken und Wände sowie sorgsam detaillierte Schreinereinbauten prägen das zeitlos-elegante Wohnambiente. Für Retro-Charme sorgt die neu mit Holzlamellen verkleidete Decke, die sich im Freien nahtlos fortsetzt und Innen- und Außenraum auch optisch zusammenbindet.

Darüberhinaus tragen die großzügigen überdachten Terrassen und Sitzplätze, die mit polygonalen Natursteinplatten belegt sind, dazu bei, Haus und Garten eng miteinander zu verweben – ebenso wie das Wasserbassin auf der Südseite, in dem sich der Himmel und das Grün der umstehenden Bäume widerspiegeln.

Linke Seite Die in den Boden eingelassene Sitzlandschaft, ein sogenanntes Conversation Pit, dient als gemütliche Rückzugszone und wurde mit neuen Polstern ausgestattet.

Unten Die durchgängige Deckenverkleidung aus Eichenholzlamellen setzt sich im Freien nahtlos fort und bindet Innen- und Außenraum auch optisch zusammen.

Ganz unten Nach dem Wegfall einer Zwischenbrüstung bilden Küche, Essplatz und Wohnbereich ein fließendes Raumkontinuum auf leicht versetzten Ebenen.

Oben Fugenloser Gussboden dient in der Eingangsebene als robuster, pflegeleichter Belag. Am Essplatz sorgen warmtonige Eichenholzdielen für wohnliches Flair.

Rechts oben Licht und luftig wirkt auch das Büro mit einer deckenhohen Festverglasung. Es ist über einen breiten Durchgang mit dem Wohnbereich verbunden.

Rechts unten links Schöner Empfang: Im neu gestalteten Entree sorgen maßgefertigte Einbauten für reichlich Stauraum und tragen zum aufgeräumten Eindruck bei.

Rechts unten rechts Der Carport an der Straße wurde neu errichtet – und orientiert sich in seiner klaren, reduzierten Architektur- und Formensprache am Bestand.

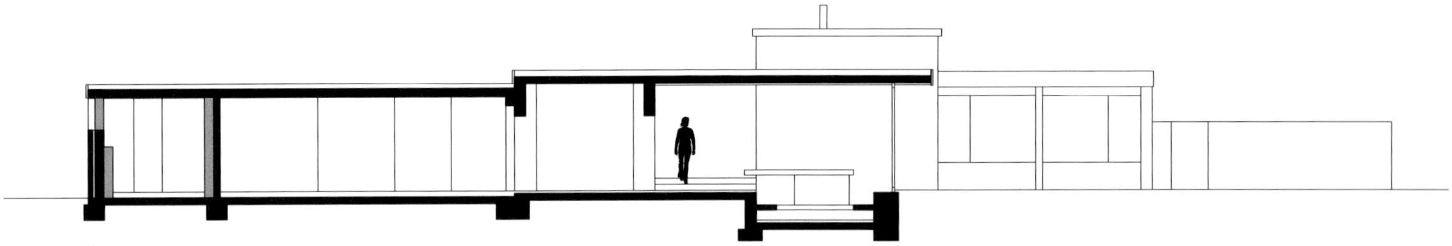

Schnitt

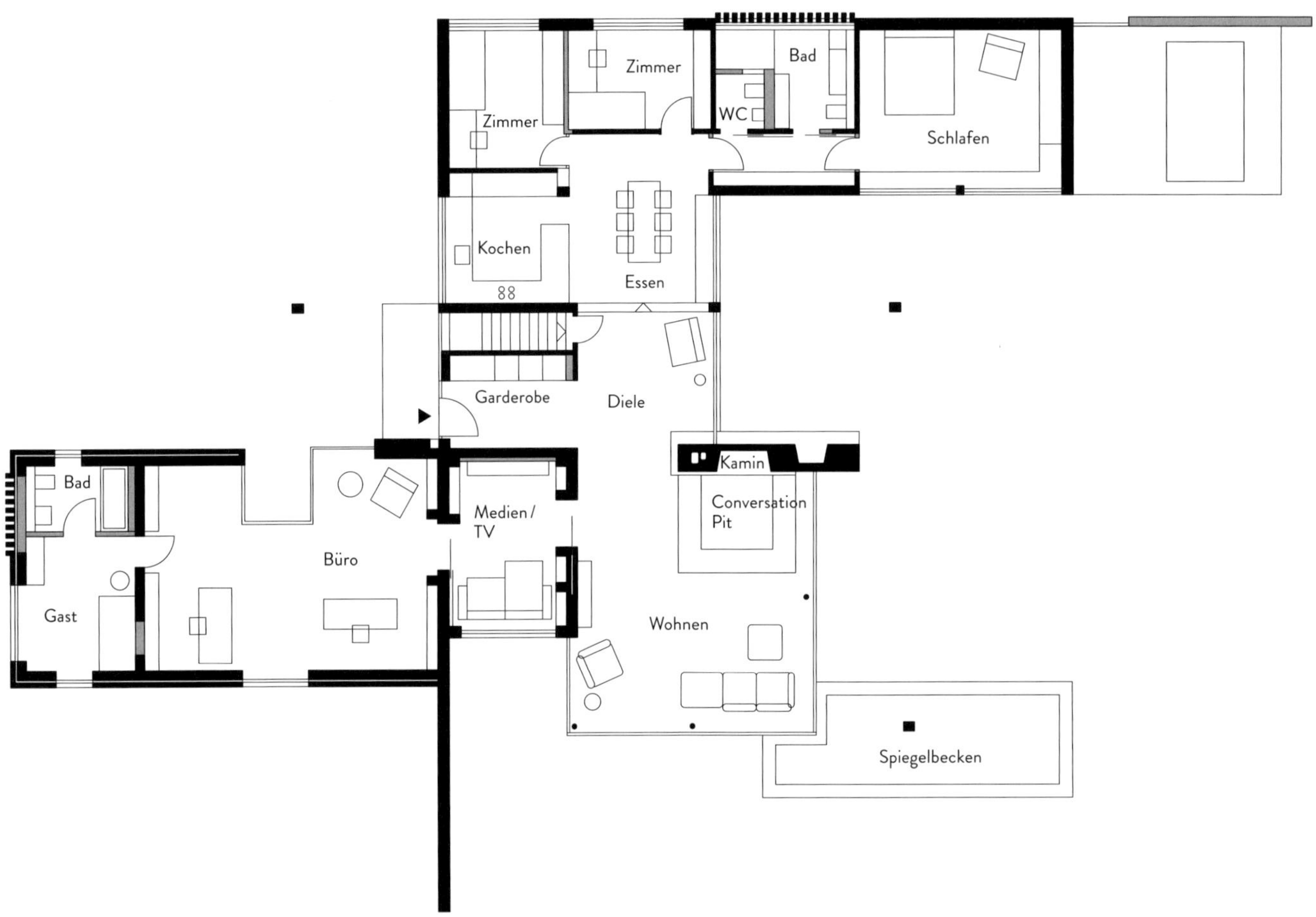

Erdgeschoss

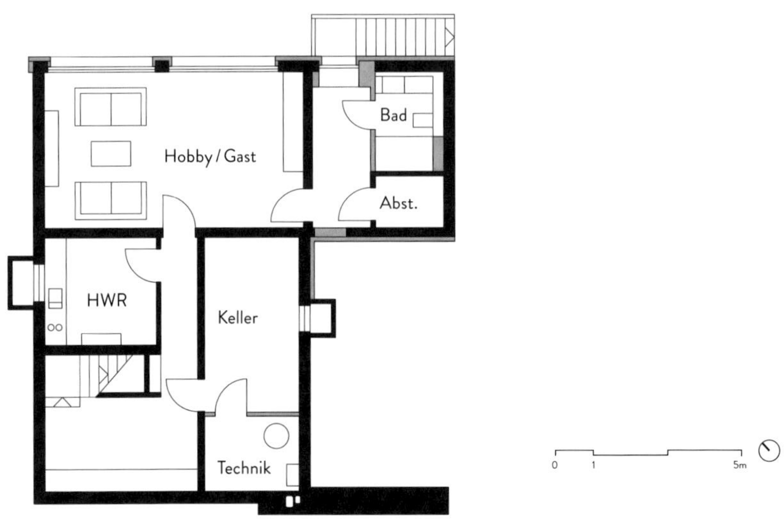

Untergeschoss

Kurzporträt

- Sanierung und Transformation eines Flachdachbungalows von 1965
- Erhalt des ursprünglichen Erscheinungsbildes und bauzeittypischer Details
- Einbau neuer Fenster und großflächiger Schiebeelemente
- Grundriss mit gezielten Eingriffen stellenweise angepasst, Wohnebene als fließendes Raumkontinuum
- Conversation Pit als kommunikativer Mittelpunkt
- Homogener Innenausbau in reduzierter Farb- und Materialpalette
- Haustechnik vollständig modernisiert
- Außenanlagen neu gestaltet, Ergänzung eines Carports

Gebäudedaten

Grundstücksgröße: 1.334 m^2
Wohnfläche vorher/nachher: 301 m^2/317 m^2
Zusätzliche Nutzfläche vorher/nachher: 25 m^2/21 m^2
Anzahl der Bewohner: 3
Bauweise: massiv, Kalksandsteinmauerwerk und Stahlbeton
Fassade: Kalksandstein, weiß gestrichen
Energiekonzept: Gas-Brennwerttherme, Fußbodenheizung, Lüftungsanlage, Smart-Home-System
Heizwärmebedarf: 87 kWh/m^{2}a
Primärenergiebedarf: 98 kWh/m^{2}a
Baujahr Bestand: 1965, erster Umbau 1982
Fertigstellung Umbau: 2023

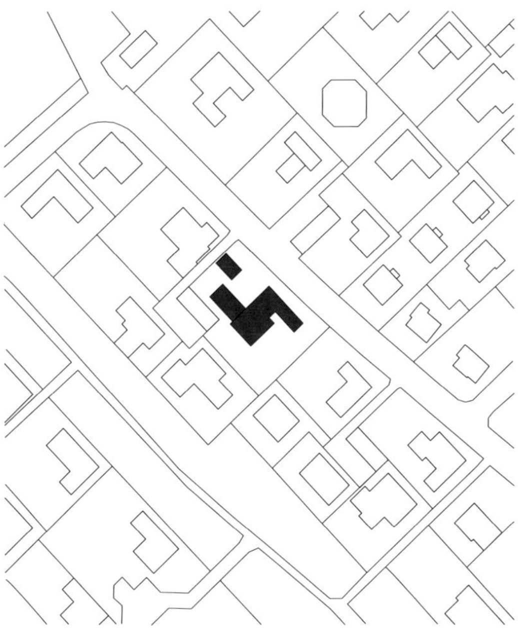

Lageplan

Anja Grünewald

» Der Bestand wurde in seiner Substanz respektiert, in seiner Funktionalität und Materialität jedoch konsequent weiterentwickelt. «

Pfalzburger Straße
GALERIE JANSSEN

ALLES GUT BEDACHT

Dachumbau in Berlin-Wilmersdorf

Modersohn & Freiesleben

Nichts hält länger als ein Provisorium heißt es oft – und auch bei diesem stattlichen Berliner Eckhaus war aus einer vorübergehenden Lösung längst ein Dauerzustand geworden: An den Anblick des seltsam abgekappten Dachs hatte man sich schon seit Jahrzehnten gewöhnt. Dieses war im Krieg zur Hälfte zerstört und anschließend als notdürftig abgedichtetes Flachdach wiederaufgebaut worden. Für den neuen Eigentümer allerdings war rasch klar, dass hier Handlungsbedarf bestand, zumal auch die andere Dachhälfte stark baufällig und schadstoffbelastet war. Er beauftragte daher das Architekturbüro Modersohn & Freiesleben, das gesamte Dach neu zu errichten, um auf diese Weise auch zusätzlichen Wohnraum zu schaffen.

Das gründerzeitliche Mietshaus, das im gutbürgerlichen Berliner Bezirk Wilmersdorf direkt gegenüber der neoklassizistischen Backsteinkirche St. Ludwig steht, hat einen spiegelsymmetrisch aufgebauten Grundriss und ein bauzeittypisches repräsentatives Entree: Ein paar Stufen führen vom Gehweg zum Hauseingang, den eine schmiedeeisern umrankte Tür betont. Über eine prächtige Marmortreppe geht es hinauf in die erste Etage und von dort weiter zu den großzügigen Wohnungen, die sich auf die oberen Stockwerke verteilen und über zwei zusätzliche Treppenhäuser mit dem Hof verbunden sind. Das Gebäude steht unter Ensembleschutz – was bei Weitem nicht das einzige Reglement war, das es beim Umbau zu beachten galt.

So klar umrissen der Auftrag an das Planerteam war, so komplex erwies sich das Projekt, insbesondere was die Anforderungen an Statik, Energieeffizienz und Brandschutz betraf. Um die vorgeschriebenen Rettungswege einhalten zu können, waren hier nur zwei große Wohnungen zulässig – anstelle mehrerer kleiner, die marktfähiger gewesen wären. Und auch dieses Konzept war nur dank der beiden vorhandenen ehemaligen Dienstbotenaufgänge überhaupt genehmigungsfähig. So entstanden schließlich zwei Einheiten, die einen Raumluxus wie zur Erbauungszeit des Hauses bieten – mit dementsprechend flexiblen Grundrissen und wohlproportionierten Zimmern, die sich vielfältig nutzen lassen: von Familien mit Kindern, Mehrgenerationenhaushalten oder Senioren-WGs.

Mit der Dachaufstockung hat das Haus nicht nur an Wohnfläche, sondern auch an Profil gewonnen: Zum Ludwigkirchplatz hin präsentiert es sich mit einem eckbetonenden spitzen Giebel, der einen markanten Mittelpunkt in der symmetrischen Fassade bildet und an die bauzeitliche Gestaltung angelehnt ist. »Der neue Giebel gibt dem Haus zusammen mit den zwei ursprünglich vorhandenen und nun wiederaufgebauten Eck-Türmchen Gesicht und Gestalt zurück«, wie das Architektenteam erläutert.

Davon profitiert vor allem die größere der beiden Wohnungen: Ihr zentraler Aufenthaltsbereich liegt direkt hinter dem Giebel, sodass man den Dachraum in seiner ganzen Dimension erleben kann. Dank der üppigen Raumhöhe ist zudem ausreichend Platz für eine Galerie, über die man zu einer sichtgeschützten Dachterrasse auf der Hofseite gelangt.

Das Tragwerk des hölzernen Dachstuhls ist stellenweise sichtbar belassen und farbig akzentuiert, auch um den Kräfteverlauf nachvollziehbar zu machen. Um einen passenden Farbton hierfür zu finden, hatten sich die Planer auf Spurensuche im Haus gemacht. »Wir arbeiten immer eng am Kontext, unser Motiv ist das behutsame Ergänzen, das Weiterbauen des Bestands«, wie Antje Freiesleben erläutert. Das elegante Blaugrau der Holzelemente ist daher den Fliesenfarben im Durchgang entlehnt. Aber auch formale Details des Altbaus finden sich im Dachgeschoss wieder: So wiederholt sich etwa das Motiv der Rundfenster im historischen Treppenhaus als Lochmuster in der Galeriebrüstung. Mit wie viel Präzision hier alles durchgeplant wurde, zeigen auch die aufgeständerten Fensterbänke vor den neuen Gauben, die nicht als schmale Bretter, sondern wie Möbelstücke als angemessen große Sitz- und Arbeitsplätze konzipiert sind – und von denen aus man einen optimalen Blick auf die Berliner Dachlandschaft und die Kirche gegenüber hat.

Vorherige Doppelseite Krönender Abschluss: Im neu errichteten Dachgeschoss des Mehrfamilienhauses aus der Gründerzeit sind lichte weite Räume entstanden.

Ganz links Der Altbau von 1895 steht auf einem exponierten Eckgrundstück. Sein Dach war im Krieg zerstört und provisorisch als Flachdach wiederaufgebaut worden.

Links Ein markanter Spitzgiebel bildet den neuen Mittelpunkt der symmetrisch gegliederten Fassade. Auch die einst vorhandenen Ecktürmchen wurden wiederaufgebaut.

Rechts oben Unterm Dach liegen zwei neue Wohnungen. Die Essküche der größeren Einheit liegt hinter dem Spitzgiebel und reicht in einen zweistöckigen Luftraum.

Rechts unten Die imposante Raumhöhe machte es möglich, zusätzlich eine Galerieebene einzuziehen. Über eine Eichenholztreppe gelangt man auf die Empore.

Oben Enfiladenartige Durchgänge verbinden die großzügigen Räume miteinander. Warmtoniges Eiche-Fischgrätparkett trägt zum homogenen Wohnambiente bei.

Rechts oben Ein individuelles Farbkonzept verleiht dem Interieur eine unverwechselbare Note. Das sichtbar belassene Holztragwerk ist blaugrau gestrichen.

Rechts unten Präzision bis ins Detail: Das Brüstungsgeländer greift mit seinem Lochmuster das Motiv der Rundfenster im historischen Treppenhaus wieder auf.

Links Viele Einbauten wurden mitgeplant und fügen sich stimmig ins Gesamtkonzept. Wie kleine Möbelstücke wirken die aufgeständerten Fensterbänke vor den Gauben.

Unten Auf der Hofseite erweitern Loggien und Terrassen die Wohnfläche um sichtgeschützte Freisitze. Das neue Dach erhielt eine Zink-Doppelstehfalzdeckung.

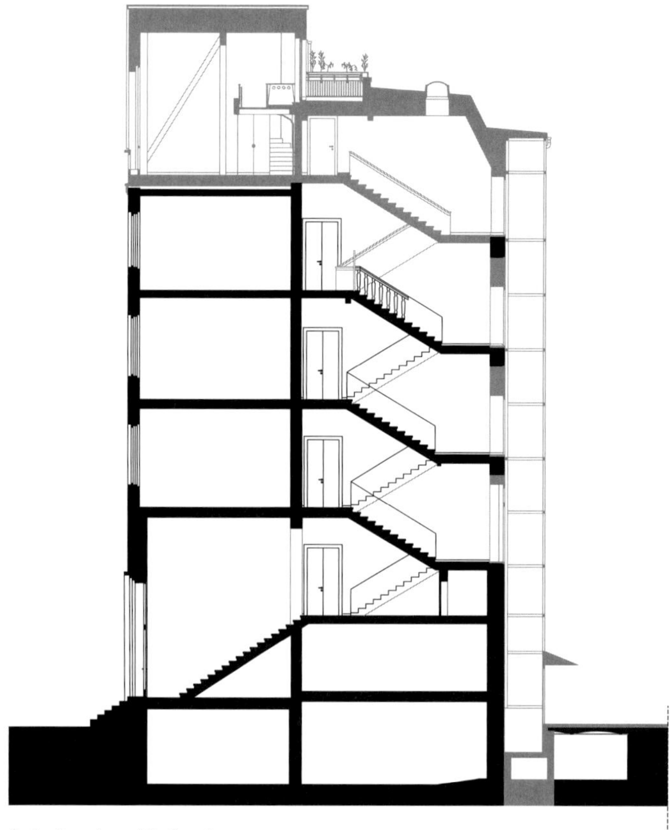

Schnitt ohne Maßstab

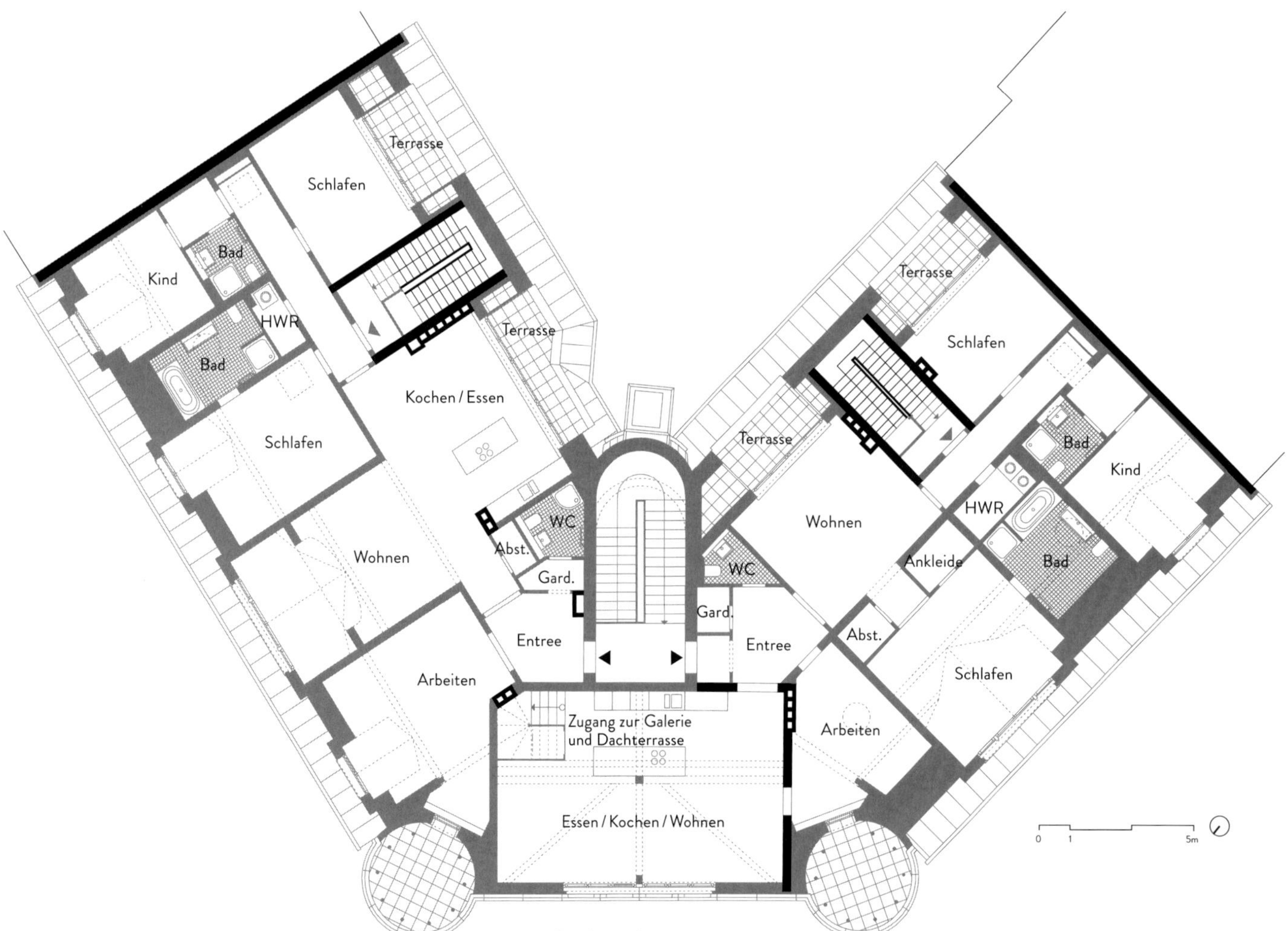

Dachgeschoss

Kurzporträt

- Wiederaufbau des durch Kriegsschäden zerstörten Dachs eines gründerzeitlichen Mietshauses
- Schaffung von zusätzlichem Wohnraum mit zwei neuen, großzügigen Einheiten
- Flexible Grundrisse mit nutzungsneutralen Räumen
- Einbau eines Aufzugs im Innenhof
- Neugestaltung der Giebelfassade in Anlehnung an den historischen Bestand, Wiederaufbau der Eck-Türmchen, neue Gauben
- Innenausbau mit individuellem Farbkonzept
- Dachterrasse und Loggien auf der Hofseite als sichtgeschützte Freisitze

Gebäudedaten

Grundstücksgröße: 780 m²
Wohnfläche Dachetage nach Umbau: 235 m² (Wohnung 1) + 200 m² (Wohnung 2)
Anzahl der Bewohner: 8
Bauweise: Mauerwerk (Altbau), Holzdachstuhl mit Zwischensparrendämmung, Holzrahmenbau mit Wärmedämmverbundsystem (Neubau)
Fassade: Putz, gestrichen
Energiekonzept: bestehende Gasheizung im Keller
Heizwärmebedarf: 77 kWh/m²a
Primärenergiebedarf: 60 kWh/m²a
Baujahr Bestand: 1895
Fertigstellung Umbau: 2024

Lageplan

Johannes Modersohn und Antje Freiesleben

» Der neue Giebel gibt dem Haus zusammen mit den zwei ursprünglich vorhandenen und nun wiederaufgebauten Eck-Türmchen Gesicht und Gestalt zurück. «

GELUNGENE TRANSFORMATION

Doppelscheune in Tübingen

KO/OK Architektur

143

Wir suchen einfache Lösungen im Sinne bestehender Gebäude, denken Architektur im Lebenszyklus und arbeiten mit Blick auf Ökologie und Kreislaufgerechtigkeit. So entstehen charaktervolle, atmosphärische und nachhaltige Orte«, ist auf der Homepage von KO/OK Architektur zu lesen. Das junge Büro, 2016 von Fabian Onneken und Jan Keinath gegründet, bleibt seiner Devise auch bei diesem Projekt treu: In Derendingen, dem südlichsten Stadtteil von Tübingen, haben die beiden eine denkmalgeschützte Doppelscheune zu einem Mehrfamilienhaus umgebaut. Sie befindet sich im Kern des ehemaligen Straßendorfs, das sich zunehmend wandelt: Altbauten werden saniert und umgenutzt, freie Flächen nachverdichtet. Unmittelbar an der Straße und in direkter Nachbarschaft zu Kirche, alter Schule und weiteren historischen Gebäuden steht die 1806 errichtete Doppelscheune: ein einfacher, aber relativ hoher Zweckbau mit zwei großen Tennentoren.

Nachdem das Gebäude zuletzt immer mehr verfallen war, ergriff eine private Baugemeinschaft die Initiative, um das Denkmal in ein Wohnhaus umzuwandeln. Ein in jeder Hinsicht herausforderndes Projekt für das Architektenteam, nicht nur aufgrund der maroden Substanz und ihrer komplizierten Sanierung: Hinzu kam, dass die imposante Höhe des Gebäudes sowie die nah stehenden Nachbarhäuser die Baustellenlogistik erschwerten. Vor allem aber galt es, bei der geplanten Umnutzung die Belange der Denkmalpflege mit den Anforderungen an Brandschutz, Bauphysik und Bautechnik auf einen Nenner zu bringen – und dies alles bei einem begrenzten Budget.

Beim folgenden Umbau legten alle Beteiligten großen Wert darauf, die Gebäudehülle möglichst wenig zu verändern, um deren ursprünglichen Charakter nach außen hin zu wahren – was sichtlich gelungen ist: Erst auf den zweiten Blick lässt sich im Vorbeigehen das neue Innenleben des Altbaus erahnen, in dem vier doppelgeschossige Familienwohnungen entstanden sind. Anstelle der hohen Scheunentore wurden großflächige Verglasungen eingesetzt, die von vertikalen Holzlamellen verdeckt sind, sodass man nur abends und bei Beleuchtung die Wohnbereiche in der einstigen Tenne durchschimmern sieht. Neue Fensteröffnungen, etwa im Sichtfachwerk an den Traufseiten, blieben auf das Notwendige beschränkt. Auch die beiden Hauseingänge sind dezent in den Bestand integriert. Man betritt das Gebäude durch die ehemaligen Stalltüren, hinter denen sich die Zugänge und Treppen zu den Maisonetten – zwei in den unteren Geschossen, zwei in den Dachetagen – befinden.

Zwar hatte sich das Planerteam zum Ziel gesetzt, »minimalinvasiv und mit maximalem Erhalt der vorhandenen Substanz« zu arbeiten, dennoch geriet die Sanierung extrem aufwendig. Der Bau musste unterfangen und neu gegründet werden, auch das hölzerne Tragwerk samt Dachstuhl wurde mit großem handwerklichem Geschick restauriert und verstärkt, wobei bereits vorhandenes Material zum Einsatz kam: »Oberste Prämisse war es, möglichst viele der vor Ort vorgefundenen Hölzer einer ehemaligen Wagnerei als Reparaturstücke weiterzuverwenden und das Gebäude auf eine einfache und der ursprünglichen Bauzeit angemessene Bauweise zu ertüchtigen«, wie die Architekten erklären.

Die neuen Elemente und Bauteile sind aus heimischem Nadelholz, das leimfrei mit klassischen zimmermannsmäßigen Verbindungen verbaut wurde. Wo nötig ergänzen Lehmsteine die Gefache, die außen einen Hanf-Kalkputz erhielten. Auch sonst sorgen natürliche Materialien wie Holz, Lehm und Kalk mit ihren diffusionsoffenen und feuchteregulierenden Eigenschaften für ein angenehmes Raumklima – ganz ohne aufwendige Haustechnik.

Das Tragwerk ist im Innern sichtbar belassen und prägt den Raumeindruck im gesamten Haus. Vor allem in den beiden oberen Wohnungen, deren beeindruckend hohe Dachetagen von dem alten Gebälk überspannt werden. Aber auch sonst gibt es reichlich Luft nach oben: Jede Einheit hat einen zentralen doppelstöckigen Wohnbereich. Die Holztreppen zu den darüberliegenden Emporen sind individuell gestaltet: in den Erdgeschosswohnungen als multifunktionale Möbelstücke, in den Dachgeschossen als freistehende skulpturale Elemente.

Vorherige Doppelseite Die denkmalgeschützte Doppelscheune steht im Ortskern und hat sich in ein zeitgemäßes Mehrfamilienhaus mit vier Maisonetten verwandelt.

Links beide Die Scheune von 1807 war zusehends verfallen. Die Gebäudehülle blieb erhalten, um den Charakter des ländlichen Zweckbaus nicht zu verändern.

Rechts Die Wohnküche in der ehemaligen Tenne erstreckt sich in einen doppelgeschossigen Luftraum. Eine deckenhohe Glasfront holt viel Tageslicht ins Innere.

Unten Die Treppen zu den Galerieebenen sind wie kompakte, multifunktionale Möbelstücke in den offenen Raum eingestellt und bieten zusätzliche Stauflächen.

Links oben Die Wohnbereiche mit vorgelagerten Terrassen orientieren sich auf die Gartenseite. Der Bodenbelag im Erdgeschoss ist durchgängig aus Sichtestrich.

Links unten Neue Fensteröffnungen im Sichtfachwerk blieben auf das Notwendige beschränkt. Dachflächenfenster belichten die beiden oberen Maisonetten.

Oben links Anstelle der hohen Scheunentore wurden großflächige Verglasungen eingesetzt. Vertikale Holzlamellen verhindern direkte Einblicke von der angrenzenden Straße.

Oben rechts Das aufwendig restaurierte Holztragwerk prägt den Raumeindruck in den Dachmaisonetten, die von dem imposanten alten Gebälk überspannt werden.

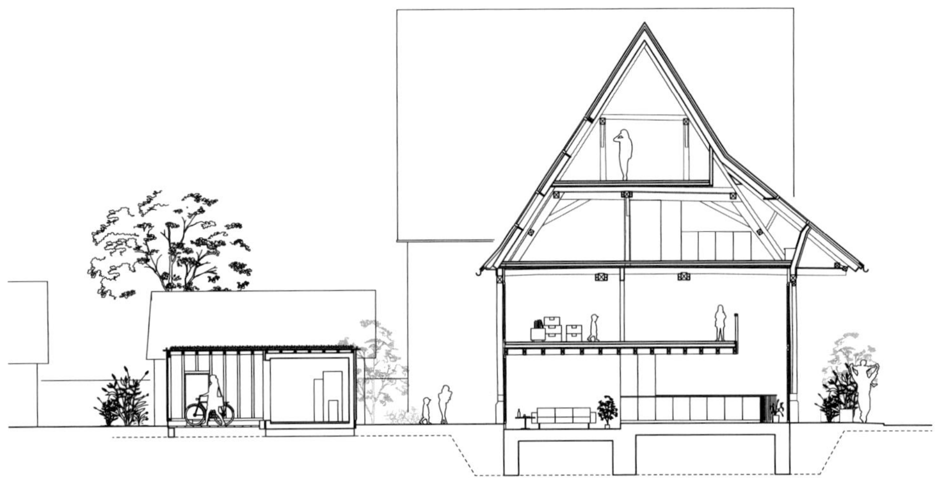

Schnitt

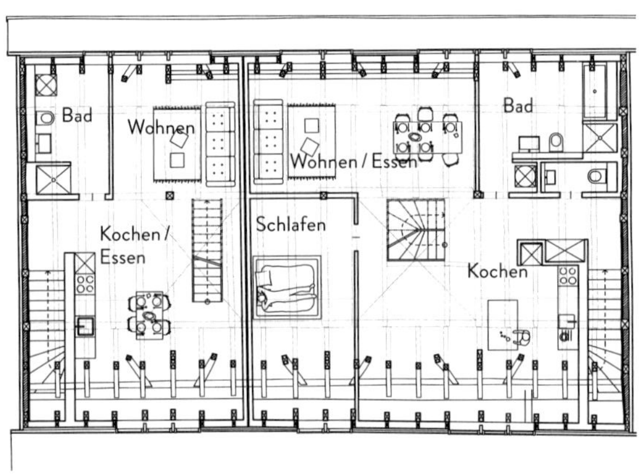

1. Dachgeschoss

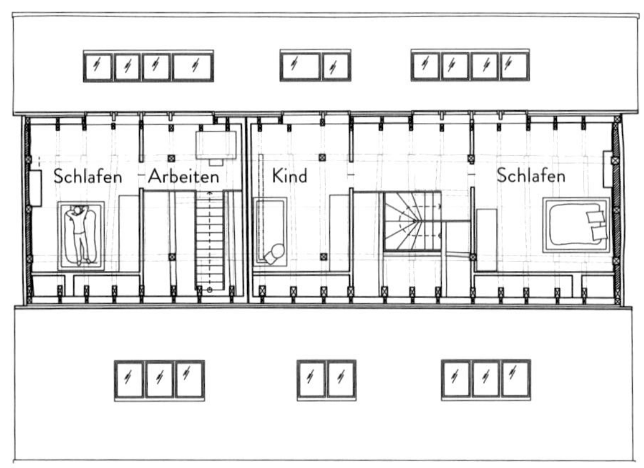

2. Dachgeschoss

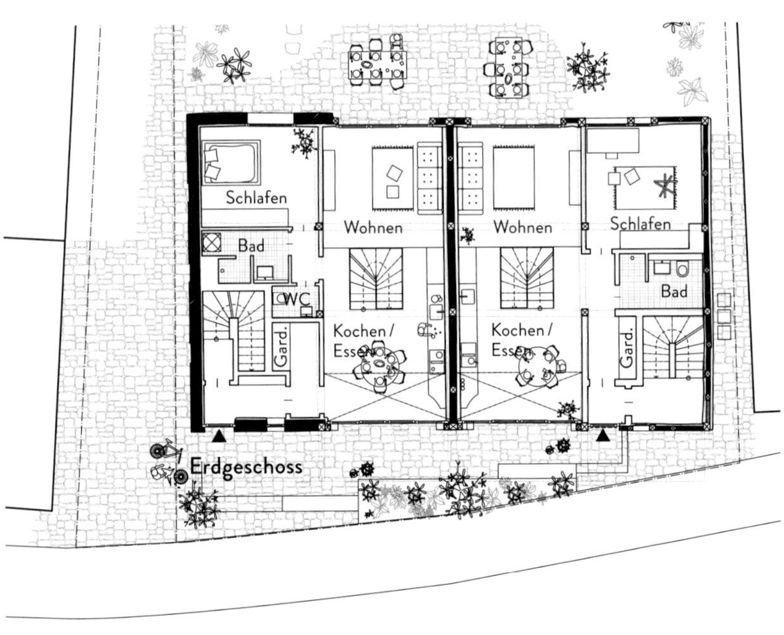

Erdgeschoss

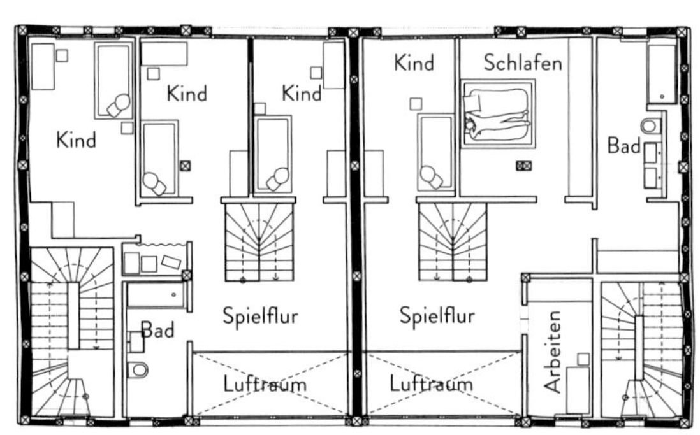

Obergeschoss

0 1 5m

Kurzporträt

- Sanierung und Umnutzung einer denkmalgeschützten Doppelscheune von 1807
- Umbau zum Mehrfamilienhaus mit 4 doppelgeschossigen Wohneinheiten
- Wahrung von äußerem Erscheinungsbild und Charakter des Bestands
- Erhalt und Ertüchtigung von Struktur, Tragwerk und Gebäudehülle
- Einsatz natürlicher, umweltfreundlicher und kreislauffähiger Materialien (Lehm, Kalk und Holz)
- Einfache und materialgerechte Detaillierung und Ausführung
- Ressourcenschonendes Bauen durch Wiederverwendung von vor Ort vorhandenem Altholz

Gebäudedaten

Grundstücksgröße: 500 m²
Wohnfläche: 415 m²
Zusätzliche Nutzfläche: 25 m²
Anzahl der Bewohner: 8 Erwachsene + 6 Kinder
Bauweise: Fachwerk, Mauerwerk (Bestand), Holz, Lehmsteine, Kalkputz (neue Ergänzungen)
Fassade: diffusionsoffener Hanf-Kalkputz auf Lehmziegeln und Bestandsfachwerk
Energiekonzept: Hybridheizung mit Luftwärmepumpe, Bäder mit Einzellüfter mit Feuchtesensoren, Realisierung als »Effizienzhaus Denkmal«
Heizwärmebedarf: 50 kWh/m²a
Primärenergiebedarf: 65 kWh/m²a
Baujahr Bestand: 1807
Fertigstellung Umbau: 2024

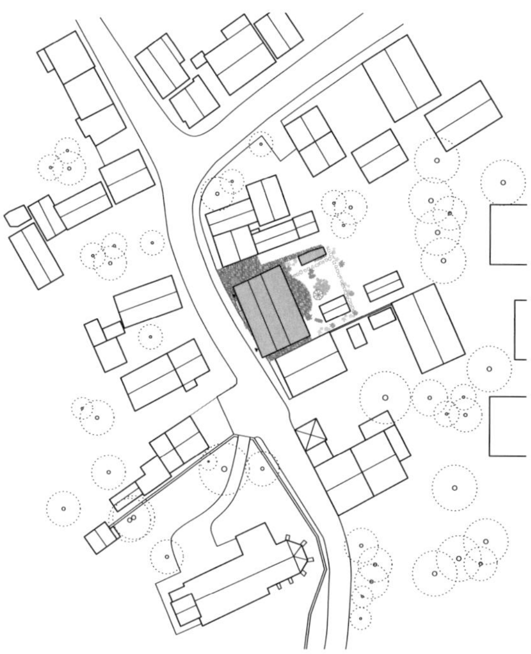

Lageplan

Fabian Onneken und Jan Keinath, KO/OK Architektur

» Das Projekt versucht in vielen Facetten zu zeigen, wie ein zeitgemäßer Umgang mit denkmalgeschützten Bestandsstrukturen funktionieren kann. «

IN FORM GEBRACHT

Haus R13 in Gerlingen

holzerarchitekten

Aus zwei mach eins – so lautete die Devise beim Umbau dieser Doppelhaushälfte im baden-württembergischen Gerlingen. Die junge Familie, die das Haus von den Großeltern übernahm, hatte das Stuttgarter Büro holzerarchitekten damit beauftragt, den Bestand aus den 1950er-Jahren in ein zeitgemäßes Domizil zu verwandeln. Zwar war der schlichte, aber solide Satteldachbau mit seinem massiven Mauerwerk gut erhalten, doch sichtlich renovierungsbedürftig. Hinzu kamen die für seine Entstehungszeit typischen Mängel, von der veralteten Haustechnik bis hin zur unzureichenden Wärmedämmung. Vor allem aber sollte die Raumorganisation verändert werden: Das Gebäude war in zwei kleine, identisch zugeschnittene Wohnungen im Erd- und Obergeschoss unterteilt. Dementsprechend verschachtelt wirkte auch der Grundriss, der – wie zur Bauzeit damals üblich – eine klare Funktionstrennung mit klassisch separierten Zimmern, kleinen Bädern und Küchen vorsah. Eine Aufteilung, die weder dem Raumbedarf noch den Wohnvorstellungen der neuen Besitzer entsprach.

Es folgten umfangreiche Sanierungs- und Modernisierungsarbeiten, bei denen Fenster ausgetauscht und teils vergrößert wurden, Dach und Fassaden eine hochwertige Dämmung erhielten sowie Haustechnik und Installationen komplett erneuert wurden. Dank all dieser Maßnahmen ist der Altbau technisch und energetisch wieder ganz auf der Höhe der Zeit – und hat sich auch nach außen hin buchstäblich in Schale geworfen: Eine durchgehende vertikale Verkleidung aus hellem Lärchenholz überzieht alle Ansichtsseiten und verleiht dem Gebäude ein neues Gesicht. Ganz in Holz gehüllt ist auch die Garage mit Abstellraum an der Straße, die mit dem Haupthaus zusammen ein kleines Ensemble bildet und den neu gestalteten Zugangsbereich räumlich fasst.

Die größten Veränderungen fanden jedoch im Gebäudeinnern statt, das nun ein völlig anderes Wohngefühl vermittelt. Mit geschickten Eingriffen in den Bestand gelang es Thilo Holzer, den kleinteiligen Grundriss zu öffnen und auch optisch für mehr Großzügigkeit zu sorgen. In der Eingangsebene ist dies am deutlichsten zu spüren, wo nach dem Wegfall weniger Trennwände ein fließendes Raumkontinuum entstanden ist. Küche, Ess- und Wohnbereich gruppieren sich in loser Folge um den zentralen Kamin, der als stimmungsvoller Wärmespender dient. Auf der Südseite lenkt ein Panoramafenster den Blick vom Essplatz in den neu bepflanzten Vorgarten, daneben führt eine bodentiefe Schiebetür auf die Sonnenterrasse, die vom darüberliegenden Balkon beschirmt wird.

Weiße Decken und Wände reflektieren überall das einfallende Tageslicht und tragen zur lichten und luftigen Wohnatmosphäre bei. Für warmtonige Akzente sorgen vor allem die zahlreichen Schreinereinbauten: Sowohl die Küchenmöbel als auch die Lowboards, die als Stauraum, Sitzbank und Ablagefläche zugleich fungieren, sind durchgängig aus Eichenholz. Ihr Farbton ist auf den Parkettboden abgestimmt, was alles wie aus einem Guss erscheinen lässt. Einen starken Kontrast zu den hellen Holzoberflächen bildet der freistehende Küchenblock aus dunkelgrauem, markant geadertem Marmor.

Maßgefertigte Möbeleinbauten prägen auch das Ambiente im Obergeschoss, in dem Elternschlafraum und Arbeitszimmer untergebracht sind. Hier blieb die Aufteilung bis auf kleinere Grundrisskorrekturen weitgehend bestehen. Das Bad hat Holzer auf Wunsch der Bauherren so umgestaltet, dass es nun zusätzlich Platz für eine Sauna bietet.

In der Dachetage liegt ein weiteres Zimmer, das über neue Dachfenster üppig mit Tageslicht versorgt wird und die Schräge auf der Nordseite für eine Schlafnische nutzt. Um den überschaubaren Raum auch hier nicht mit zusätzlichen Aufbewahrungsmöbeln zu verstellen, wurden Bettkasten, Nachttisch und Einbauschrank gleich mitgeplant. Ein kleines Bad sorgt dafür, dass sich diese Etage je nach Bedarf unabhängig nutzen lässt – und die Tochter später hier oben ihr eigenes Reich hat.

Vorherige Doppelseite In Schale geworfen: Wohnhaus und Garage sind einheitlich mit vertikalen Lärchenholzlatten verkleidet und bilden ein kleines Ensemble.

Links beide Die Doppelhaushälfte von 1959 war zuvor in zwei kleine Wohnungen aufgeteilt. Der Eingang wurde mit einer Tür aus verspiegeltem Glas neu gestaltet.

Rechts oben Schöne Aussichten: Das Fenster neben dem Essplatz wurde vergrößert und rückt den neu angelegten Garten auf der Südseite gezielt ins Blickfeld.

Rechts unten Nach dem Wegfall der Trennwände wirkt das Erdgeschoss licht und luftig: Küche, Ess- und Wohnbereich gruppieren sich in offener Folge um den Kamin.

Links oben Sämtliche Einbaumöbel sowie der Parkettboden sind aus Eichenholz und farblich aufeinander abgestimmt. Der Küchenblock ist aus dunkelgrauem Marmor.

Links unten Eine breite Schiebetür führt vom Wohnbereich auf die vorgelagerte Terrasse. Der Kamin dient als Raumteiler und stimmungsvoller Wärmespender zugleich.

Rechts oben links Maßgefertigte Schreinereinbauten prägen auch den Raumeindruck im Elternzimmer. Schrankfronten und Sitzbank sind mit Textil bespannt.

Rechts oben rechts Völlig neu gestaltet ist das Bad mit integrierter Sauna. Der Eichenholzboden sorgt für wohnliches Flair, der Waschtisch ist aus Naturstein.

Rechts unten Das Dachzimmer mit Schlafnische wird von beiden Längsseiten üppig mit Tageslicht versorgt. Hinter der Schrankwand verbirgt sich ein kleines Duschbad.

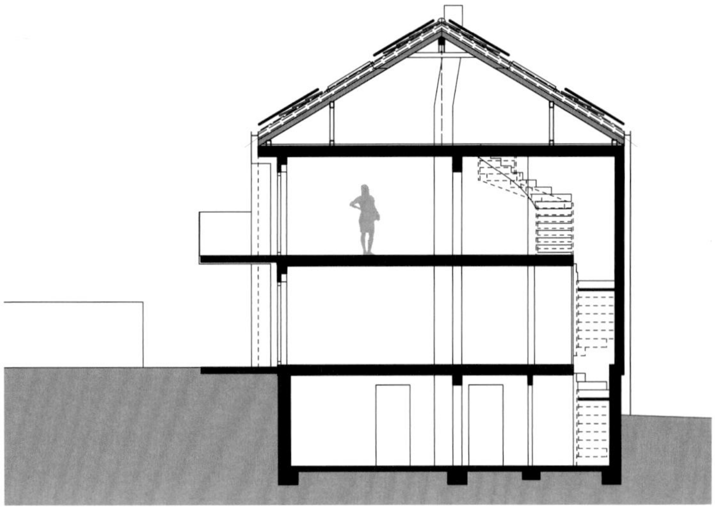

Schnitt

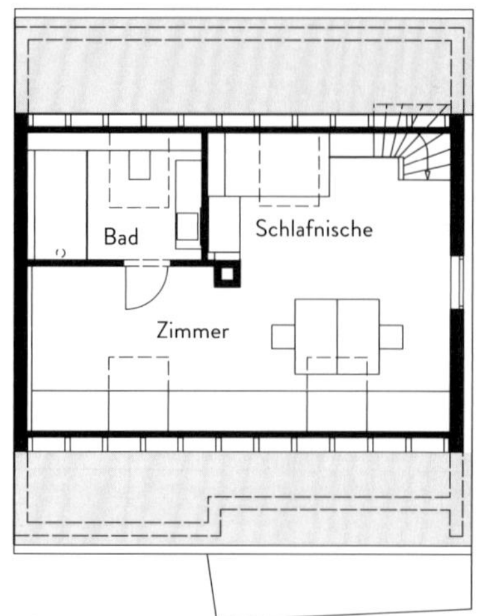

Dachgeschoss

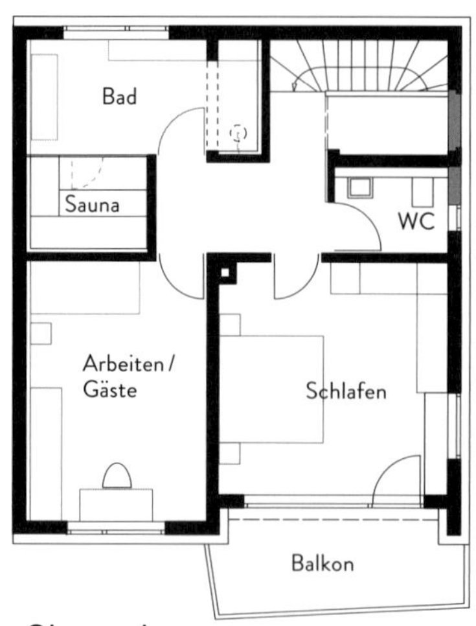

Obergeschoss

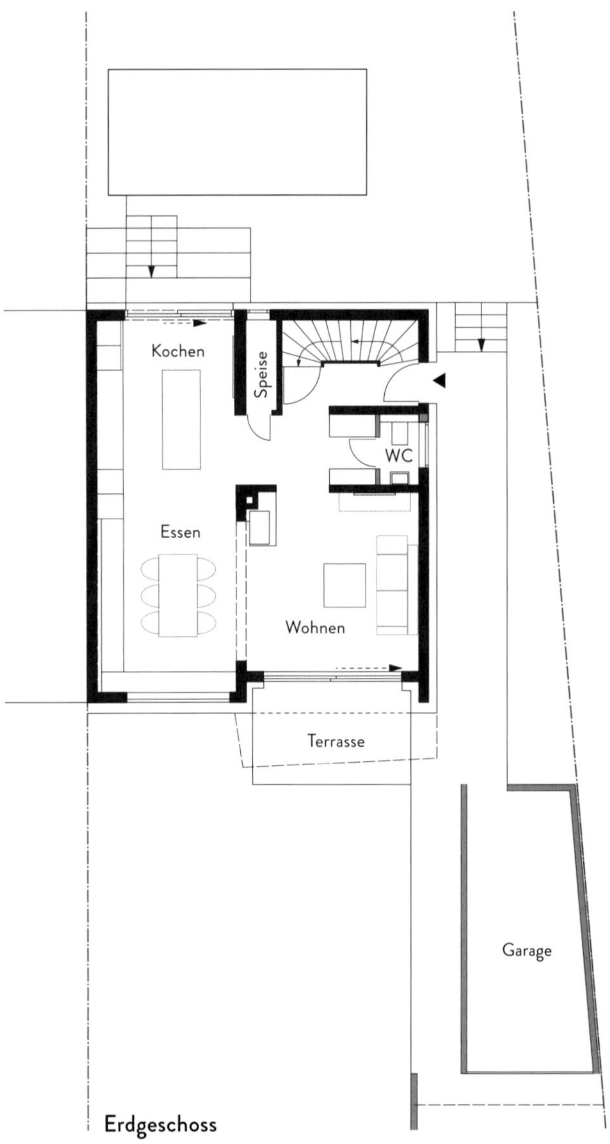

Erdgeschoss

Kurzporträt

- Umbau, Modernisierung und Kernsanierung einer Doppelhaushälfte aus den 1950er-Jahren
- Zusammenfassen von zwei kleinen Wohnungen zu einer Einheit
- Grundriss im Erdgeschoss mit Wanddurchbrüchen geöffnet
- Raumaufteilung in Ober- und Dachgeschoss weitgehend erhalten
- Erneuerung von Haustechnik und Installationen
- Energetische Sanierung, Dämmung von Dach und Fassaden
- Homogener Innenausbau mit maßgefertigten Schreinermöbeln
- Neugestaltung der Außenanlagen mit ebenerdigem Zugang zum Haus

Gebäudedaten

Grundstücksgröße: 385 m²
Wohnfläche: ca. 165 m²
Zusätzliche Nutzfläche: ca. 80 m²
Anzahl der Bewohner: 3
Bauweise: massiv, Mauerwerk, Stahlbetondecken (Bestand), Holzbau (Erweiterung Garage, Abstellraum)
Fassade: Holzverkleidung aus Lärche, Mineralwolledämmung
Energiekonzept: Wärmepumpe, Vorrüstungen für Photovoltaikanlage
Heizwärmebedarf: Effizienzhaus-70-Standard
Primärenergiebedarf: 51 kWh/m²a
Baujahr Bestand: 1959
Fertigstellung Umbau: 2024

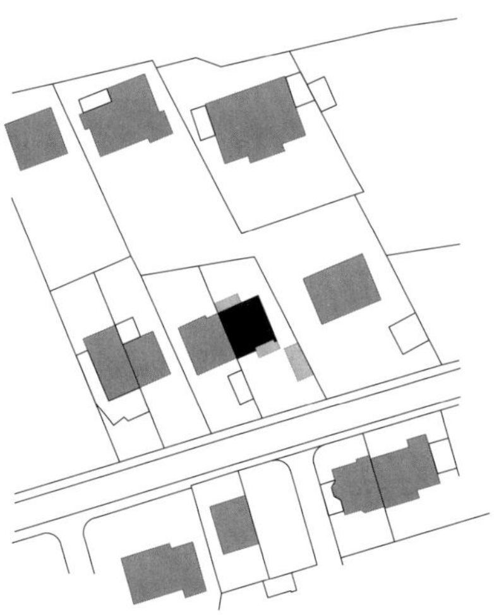

Lageplan

Thilo Holzer

» Im Erdgeschoss konnte durch kleine Grundrissänderungen und das Herausnehmen weniger Bestandswände eine grundlegende räumliche Verbesserung erzielt werden. «

IM KERN RADIKAL

Thürwachterhaus in Ingolstadt

Büro Mühlbauer

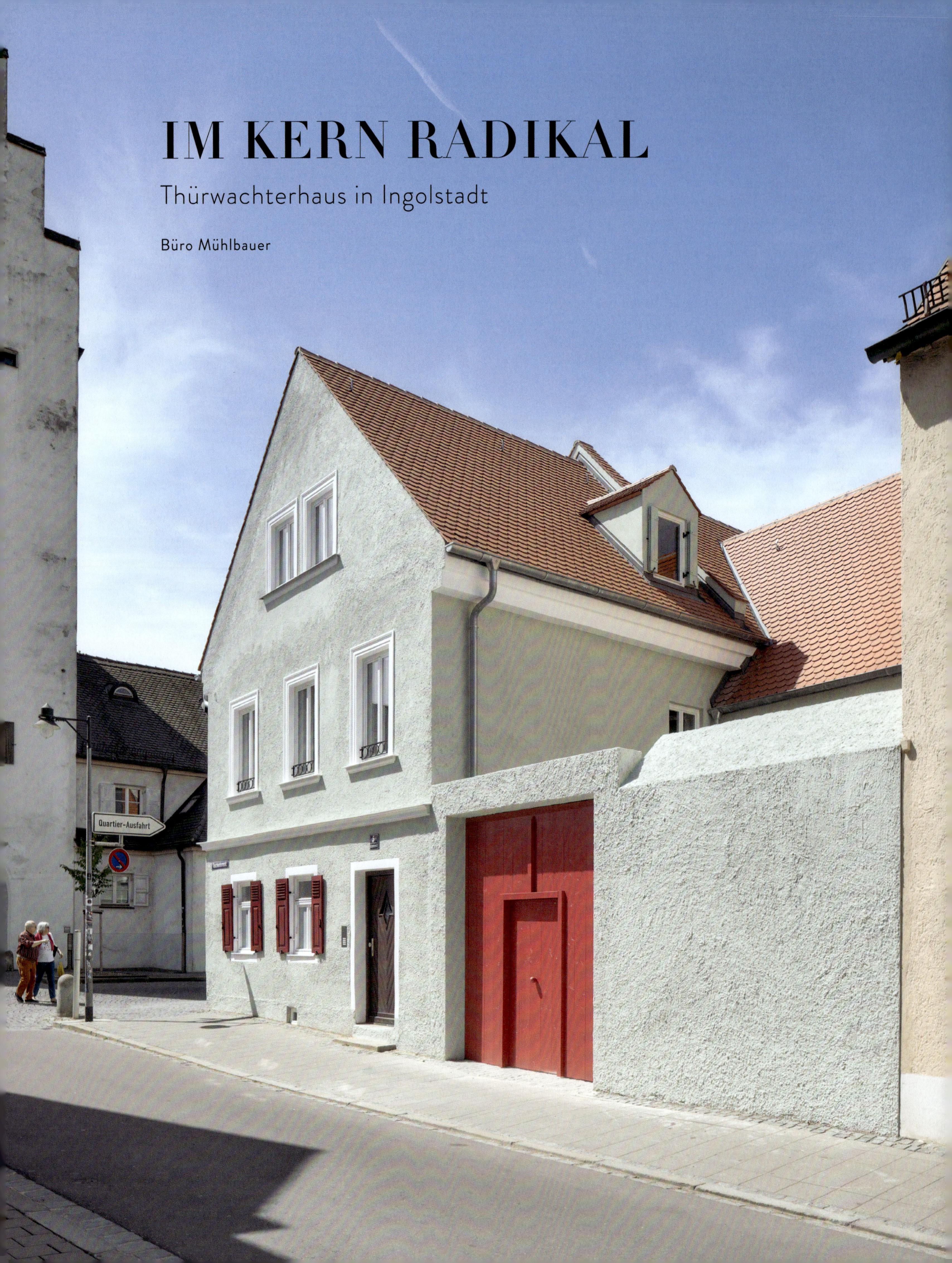

Vorherige Doppelseite Der ehemalige Stadtbauernhof vis-à-vis des Taschentorturms wurde saniert. Die frühere Scheune hat sich in ein dreigeschossiges Atelierhaus verwandelt.

Links Das historische, L-förmige Gebäudeensemble bestand ursprünglich aus einem Wohnhaus, einem Wirtschaftsgebäude mit Stadel und einem kleinen Innenhof.

Rechts oben Ein zweiflügeliges Stahl-Glas-Portal, das sich mit hölzernen Toren komplett verschließen lässt, dient als Fenstertür und Hauseingang zugleich.

Rechts unten beide Oberflächen aus roh belassenem Beton prägen den Raumeindruck. Die massive Innenschale übernimmt sowohl tragende als auch dämmende Funktion.

Jahrzehntelang hatte das denkmalgeschützte Gebäudeensemble in der Ingolstädter Altstadt leer gestanden – und das an einer exponierten Stelle: Der ehemalige, aus dem frühen 16. Jahrhundert stammende Stadtbauernhof liegt an einer Straßenecke, vis-à-vis des Taschentorturms, einem von drei noch erhaltenen Stadttoren der mittelalterlichen Befestigung. Die L-förmige historische Anlage bestand ursprünglich aus einem Wohnhaus, einem Wirtschaftsgebäude mit Stadel und einem kleinen Innenhof. Ab Mitte des 20. Jahrhunderts wurde das so genannte Thürwachterhaus nur noch zu Wohnzwecken genutzt, zuletzt blieben Haupt- und Nebengebäude leer.

Schließlich ergriff eine private Investorin die Initiative, erwarb den stark sanierungsbedürftigen Komplex – und beauftragte das ortsansässige Büro Mühlbauer, ihn in ein Mehrfamilienhaus zu verwandeln. In enger Zusammenarbeit zwischen der ambitionierten Auftraggeberin und ihren Architekten entstand das Konzept. »Der Entwurf war ein prozessuales Arbeiten mit dem Vorgefundenen: Ein Umbau entwickelt sich mit der Zeit – insbesondere im Bestand, dessen Struktur man zunächst genau kennenlernen und verstehen muss. Das unterscheidet ihn grundlegend vom Arbeiten im Neubau«, wie Architekt Alexander Mühlbauer erklärt.

Das Haupthaus wurde mit behutsamen Eingriffen in die historische Substanz umgebaut und präsentiert sich heute mit denkmalgerecht sanierter Fassade in hellgrünem Putz, neuen Holzfenstern und Klappläden. Im Innern sind drei Mietwohnungen entstanden – eine Einheit im Erdgeschoss sowie zwei Maisonetten. Weitaus größer waren die Veränderungen im ehemaligen Wirtschaftstrakt: Die frühere Scheune hat sich in ein dreigeschossiges Stadthaus verwandelt. Erschlossen wird es über den gemeinsamen Innenhof, der sich hinter einem neuen, leuchtend rot lackierten Holztor mit Schlupftür verbirgt.

Da die Wohnfläche nur 90 Quadratmeter beträgt, ist der Grundriss entsprechend kompakt organisiert: Ein breites, zweiflügeliges Stahl-Glas-Portal, das sich mit Holztoren komplett verschließen lässt, dient als Hauseingang und Fenstertür zugleich. Hinter der Schwelle schließt sich nahtlos der offene Koch- und Essbereich an, der sich in einen zweigeschossigen Luftraum weitet. Rechter Hand ist ein Duschbad abgeteilt, das über eine transluzente Glasbausteinwand von der Hofseite aus belichtet wird. Eine schmale Betontreppe führt auf eine Galerieebene und von dort weiter zum Schlafraum unterm Dach.

Anders als beim sanierten Mehrfamilienhaus setzte das Planerteam bei der Transformation des Stadels auf eine betont reduzierte, fast asketische Architektur- und Formensprache – und ein robustes Material: Decken und Wandoberflächen aus roh belassenem Beton, an dem sich das Muster der sägerauen Bretterschalung abzeichnet, prägen den Raumeindruck. Die monolithische Betonstruktur, die innenseitig vor die Wände der ehemaligen Scheune gesetzt wurde, ist jedoch weitaus mehr als nur ein gestalterisches Element. Sie übernimmt auch wichtige tragende Funktionen, da der Bestand konstruktiv verstärkt werden musste. Mit der neuen massiven Innenschale gelang es, die historischen Außenwände nahezu unberührt zu erhalten, zu dämmen und zugleich die Tragstruktur statisch zu ertüchtigen. Die robuste Textur der Betonflächen setzt sich auch an den neu eingezogenen Geschossdecken sowie den puristisch anmutenden, geländerlosen Treppen nahtlos fort.

Naturbelassenes Holz hingegen bestimmt die Atmosphäre im Schlafraum in der Dachetage, die sich bis unter den First öffnet. Der historische Dachstuhl wurde vom Zimmermann restauriert, gedämmt und mit Fichte verkleidet. Auch die alte Holzbalkendecke blieb erhalten und wurde lediglich ausgebessert.

Völlig verwandelt hat sich der kleine, ehemals zugebaute Innenhof, den der Schweizer Landschaftsarchitekt Maurus Schifferli zu einem zusätzlichen Freiluftzimmer für alle Bewohner umgestaltete: mit Kletterhortensie, Maulbeerbaum sowie einer leicht erhöhten Sitzplattform. Sie spielt darauf an, dass sich hier früher der Misthaufen befand – während das spitzgiebelige, archetypisch einfache Mülltonnenhäuschen in der Hofmauer die Postmoderne zitiert.

Links oben links Der Schlafraum liegt in der obersten Etage. Der historische Dachstuhl wurde restauriert, gedämmt und innen mit Fichtenholz verkleidet.

Links oben rechts Puristisch gestaltet ist auch das Bad: Durch eine Glasbausteinwand fällt Tageslicht herein, das Fenster hebt sich als schwarzes Quadrat ab.

Links unten Eine geländerlose Treppe führt von der Galerie ins Dachgeschoss. Die alte Holzbalkendecke blieb erhalten und kontrastiert mit den rauen Betonwänden.

Rechts oben Der neu gestaltete Innenhof mit Kiesbelag und leicht erhöhter Sitzplattform dient allen Bewohnern als zusätzliches Zimmer unter freiem Himmel.

Rechts unten Ein rot lackiertes Holztor mit Schlupftür trennt den Hof vom öffentlichen Raum ab. Das spitzgiebelige Tonnenhäuschen erinnert an die Postmoderne.

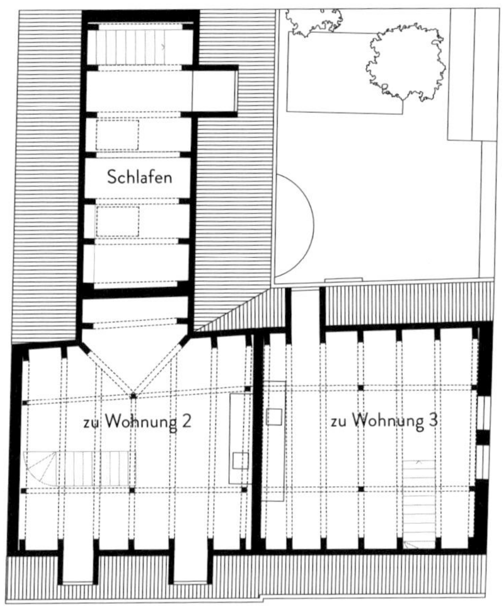

Dachgeschoss

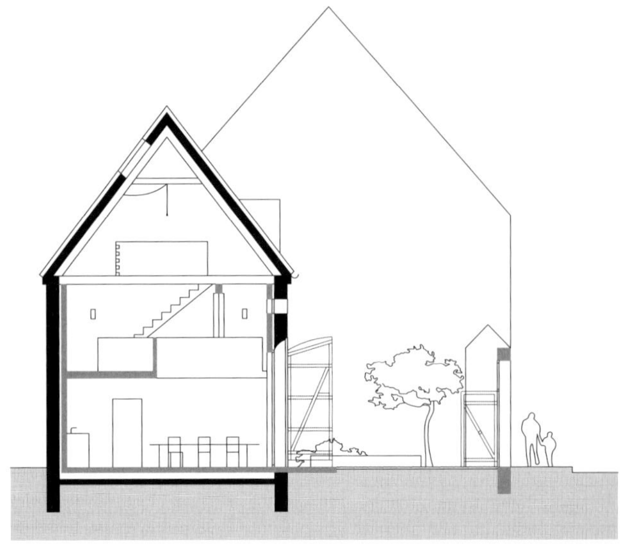
Schnitt

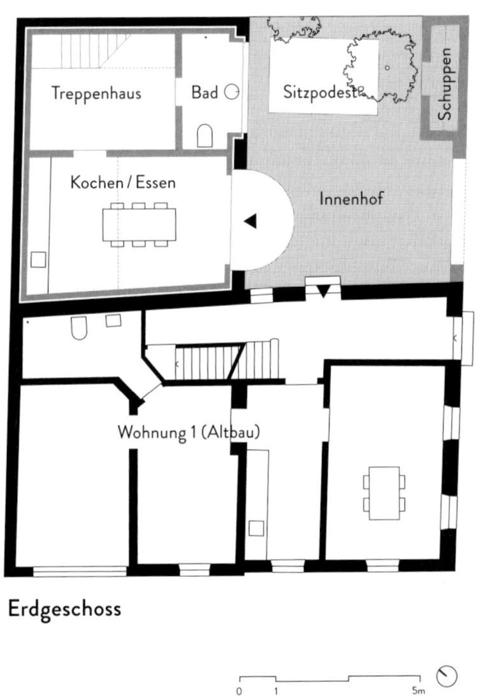

Erdgeschoss

Obergeschoss

Kurzporträt

- Umbau eines denkmalgeschützten mittelalterlichen Stadtbauernhofs zum Mehrfamilienhaus
- Transformation des ehemaligen Stadels zum dreigeschossigen Atelierhaus
- Stabilisierung und energetische Ertüchtigung der historischen Außenmauern durch tragende betonierte Vorsatzschale mit Innendämmung
- Historischer Dachstuhl restauriert und gedämmt
- Innenausbau in reduzierter Architektur- und Formensprache
- Kompakt organisierter Grundriss
- Neugestaltung und Aufwertung des Innenhofs als Aufenthaltsbereich

Gebäudedaten

Grundstücksgröße: 91 m^2
Wohnfläche: 97 m^2
Anzahl der Bewohner: 2
Bauweise: Mauerwerk, Stahlbeton, Holzbau
Fassade: Putz, Kerndämmung auf der Innenseite der bestehenden Außenwände
Baukosten gesamt: 357.000 Euro
Energiekonzept: Gas-/Fernwärme
Primärenergiebedarf: 26,8 kWh/m^2a
Baujahr Bestand: frühes 16. Jahrhundert
Fertigstellung Umbau: 2024

Lageplan

Alexander, Andreas Josef und Andreas Mühlbauer

» Die neu eingefügte innere Betonschale übernimmt eine doppelte Funktion: Sie dient sowohl als tragende Struktur als auch als gestalterisches Element des Innenraums. «

LICHT, LUFT UND LOFT

Alte Schlosserei in Berlin-Neukölln

ALAS Alarcon Linde Architects

Dass sich inmitten der Berliner Blockrandbebauungen Garagen und Werkstätten befanden, war früher ein selbstverständlicher Anblick. Versteckt in einem Hinterhof im Bezirk Neukölln lag auch der schlichte Zweckbau, der bereits mehrfach umgenutzt und verändert worden war: Errichtet im Jahr 1931 als Garagenkomplex, diente er später als Kunstlager und Ausstellungshalle, bevor er schließlich zur Schlosserei umgewandelt wurde. Zuletzt hatte das Gebäude längere Zeit leergestanden, bis eine Gruppe von Künstlern und Kreativen es erwarb, um dort Wohnungen und Werkstätten einzurichten – und das Büro ALAS mit dem Umbau beauftragte. »Ein großer Vorteil war, dass viele Bauherrinnen und Bauherren aus dem kreativen Bereich stammen: Sie brachten bereits fundierte Vorstellungen und gestalterische Ideen mit, was dem Projekt von Anfang an eine besondere Atmosphäre und Richtung verliehen hat«, beschreibt Architekt Carlos Alarcón die Zusammenarbeit.

Das Konzept des Planerteams sah vor, die Struktur der Anlage im Wesentlichen zu erhalten: Das U-förmige Gebäude umfasst, ähnlich wie ein Dreiseithof, in seiner Mitte einen zentralen Patio. Ursprünglich hatte es aus zwei separaten Trakten – errichtet aus Ziegelmauerwerk mit Steineisendecken – bestanden. In der Nachkriegszeit wurde die Lücke dazwischen dann mit einem Sheddach-Bau geschlossen. Anders als die flachen Trakte im Norden und Westen ist der östliche Gebäudeflügel zweistöckig, da sich im Obergeschoss die Büros der Schlosserei befanden.

Ziel war es, das Ensemble mit kleinstmöglichen Eingriffen an seine neue Nutzung anzupassen sowie sein Inneres heller und großzügiger zu gestalten. Zunächst allerdings musste der Bestand ertüchtigt werden. »Die Bausubstanz war geprägt von einer äußerst pragmatischen und ressourcenschonenden Architektur der unmittelbaren Nachkriegszeit. Alle Bauteile, von den Profilen bis zu den Fundamenten, waren auf ein absolutes Minimum dimensioniert«, erinnert sich Alarcón. Die Anpassung an heutige technische und energetische Standards stellte daher eine besondere Herausforderung dar. Dazu gehörte es auch, die Dächer statisch zu verstärken, teilweise zu ersetzen und zu dämmen, um sie anschließend begrünen zu können. Auch sonst hat die Natur Einzug in den einst tristen Hof gehalten: Der zentrale Patio ist komplett autofrei, wurde entsiegelt und bildet nun die grüne Mitte. Im Süden komplettiert ein kleiner Fahrradschuppen das Ensemble.

Auch das äußere Erscheinungsbild des Gebäudes hat sich völlig verändert: Um möglichst viel Tageslicht ins Innere zu holen, wurden die Fensteröffnungen vergrößert, die Brüstungen abgesenkt und Fensterbänke aus Holz eingebaut, die auch als Sitzgelegenheiten dienen. Die Außenwände erhielten eine Holzfaserdämmung sowie ein dunkles Lattenkleid aus abgeflammten Kiefernbrettern nach japanischer Tradition: Bei der jahrhundertealten Methode des Shou Sugi Ban wird die Holzoberfläche durch Karbonisierung konserviert und auf natürliche Weise gegen Witterungseinflüsse, Pilzbefall und Fäulnis geschützt.

Im Gebäudeinnern gelang es dem Planerteam, den Grundriss mit gezielten Eingriffen zu lichten und wo nötig mit Trennwänden, Einschüben oder gläsernen Schiebetüren zu gliedern. Um die ursprüngliche Werkstatt-Atmosphäre zu bewahren, wurde hier nichts unnötig aufgehübscht: Die Ziegelwände sind lediglich sandgestrahlt, um ihre Textur besser zur Geltung zu bringen. In Bereichen, die eine eher neutrale Umgebung erfordern, wie etwa Malateliers, erhielten die Wände halbdeckende Lasuren. Die Balken des Sheddachs im nördlichen Gebäudetrakt sind sichtbar belassen und weiß lasiert, im Ostflügel faltet sich eine rohe Stahltreppe zu den privaten Wohnräumen im Obergeschoss hinauf. Geöltes Eiche-Industrieparkett dient überall als pflegeleichter und robuster Bodenbelag. »Leitgedanke war es, eine elegante, aber zurückhaltende räumliche Bühne zu schaffen – als ruhiger Hintergrund für die vielfältigen Nutzungen und Lebensstile in den einzelnen Einheiten«, wie das Architektenteam zusammenfasst.

Vorherige Doppelseite Fenster zum Hof: Die niedrigen Brüstungen dienen zugleich als Sitzbänke. Hinter der Fassade aus abgeflammtem Holz liegt die neue Dämmung.

Links beide Der Garagenkomplex von 1931 wurde mehrmals umgebaut und aufgestockt – und nun zu einem Ensemble mit Ateliers, Wohnungen und Werkstätten verwandelt.

Oben Die verschieden hohen Gebäudetrakte umschließen in ihrer Mitte einen autofreien Innenhof: Der Patio wurde entsiegelt und ebenso wie die Dächer begrünt.

Rechts Wohnen und Arbeiten unter einem Dach: Mit gezielten Eingriffen in die bestehende Substanz wurden die schlichten Zweckgebäude der neuen Nutzung angepasst.

Oben Im zweigeschossigen Gebäudetrakt, in dem sich zuvor die Büros der ehemaligen Schlosserei befanden, ist eine großzügige Maisonettewohnung entstanden.

Oben rechts Die ursprüngliche Werkstatt-Atmosphäre blieb erhalten: Die Ziegelwände sind unverputzt, eine rohe Stahltreppe faltet sich ins Obergeschoss.

Unten links Gläserne Trennwände teilen die Büros ab, ohne den offenen Raumfluss optisch zu unterbrechen. Eine eingestellte Box dient als Besprechungszone.

Unten rechts beide Der Galerieflur führt zu den privaten Rückzugsräumen. Ein Oberlicht erhellt das fensterlose Bad, das mit großformatigen Schieferplatten ausgekleidet ist.

Zelt
Fyffes
KAMMER
Figuren 2
Eierbecher
VORSICHT !
Figuren 1
VORSICHT !
KUNST

Schnitt

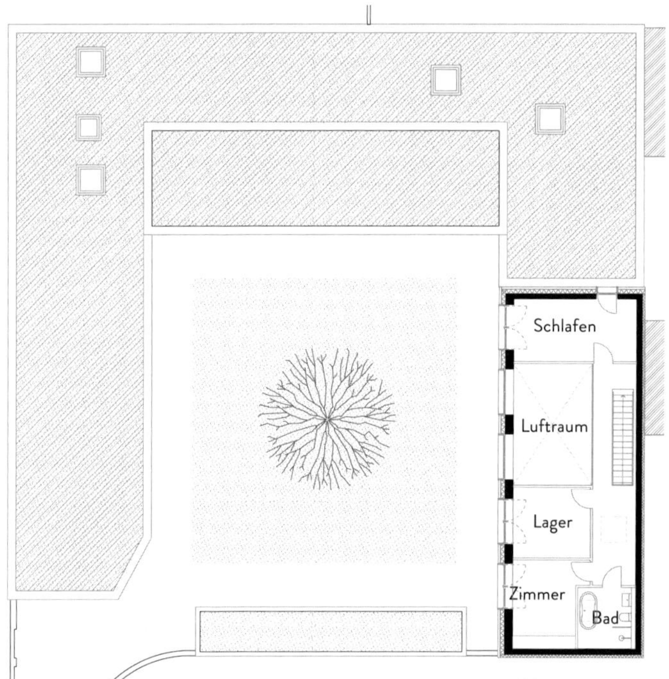

Obergeschoss

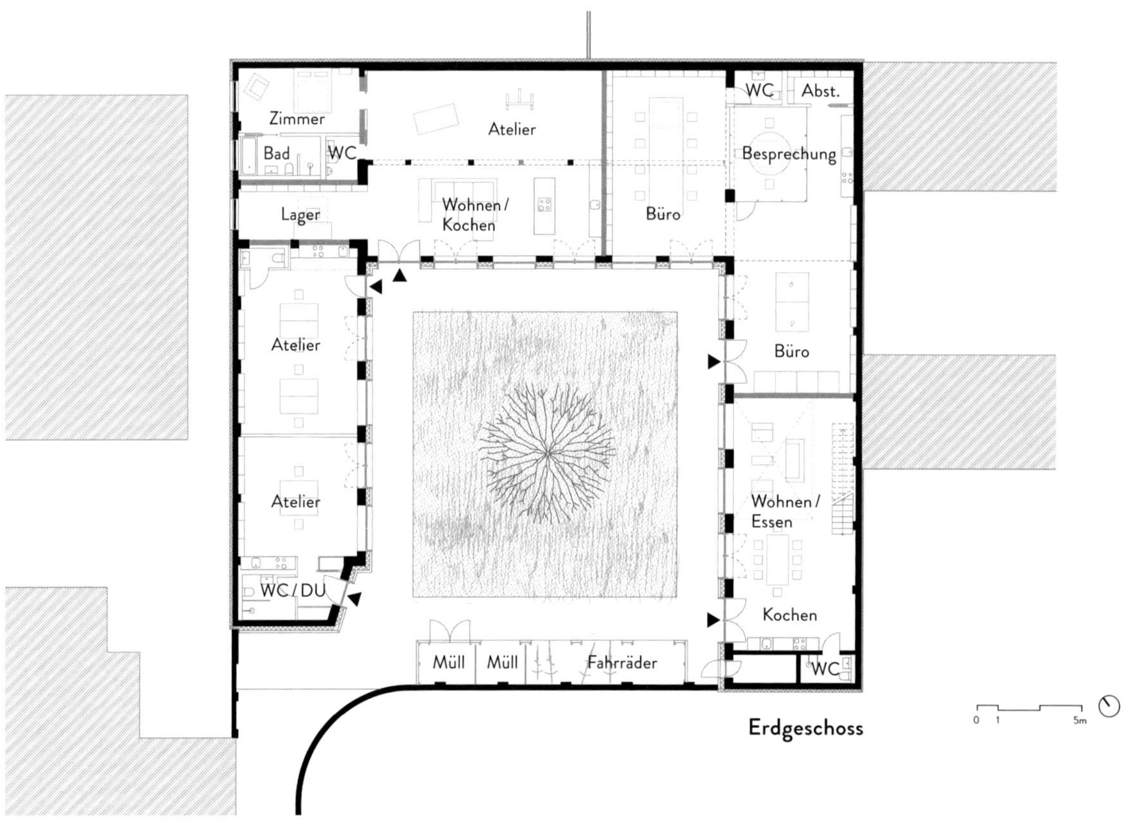

Erdgeschoss

Kurzporträt

- » Umnutzung, Sanierung und Umbau einer ehemaligen Remise zu Ateliers und Wohnungen
- » Statische und energetische Ertüchtigung der Bausubstanz
- » Außenwände gedämmt, Fassaden neu verkleidet
- » Fensteröffnungen für bessere Belichtung vergrößert, Brüstungen abgesenkt
- » Grundriss mit wenigen gezielten Eingriffen an neue Nutzungen angepasst
- » Entsiegelung und Dachbegrünung, autofreier Innenhof als neue Mitte
- » Reduzierter Innenausbau, Beibehalt des ursprünglichen Werkstatt-Charakters

Gebäudedaten

Grundstücksgröße: 875 m²
Wohn- und Nutzfläche: 510 m²
Zusätzliche Nutzfläche: 27 m² (Fahrradschuppen)
Anzahl der Bewohner: 6
Bauweise: massiv, Mauerwerk (Bestand)
Fassade: Mauerwerk mit 20 cm dicken Holzfaserplatten gedämmt, abgeflammte Kiefernholzschalung (Shou Sugi Ban)
Energiekonzept: Fernwärme
Heizwärmebedarf: 77,8 kWh/m²a
Primärenergiebedarf: 47,7 kWh/m²a
Baujahr Bestand: 1931
Fertigstellung Umbau: 2022

Lageplan

Team ALAS Alarcon Linde Architects

» Im Innern des Gebäudes wurden unter der Prämisse des kleinstmöglichen Eingriffs behutsame Interventionen realisiert, um es an seine neue Nutzung anzupassen sowie heller und großzügiger zu gestalten. «

KONTRASTPROGRAMM

Haus in einer Scheune in Sitzenkirch

Ralf Brandhofer

Wie ein einfacher Zweckbau im dörflichen Kontext erhalten und umgenutzt werden kann – und damit Geschichte und Ortsbild bewahrt bleiben –, zeigt dieses Projekt im südlichen Schwarzwald: In Sitzenkirch hatte das Bauherrenpaar eine leerstehende Scheune aus den 1970er-Jahren entdeckt, mitten im Dorf und vis-à-vis der ehemaligen Klosterkirche. An der Fassade des schlichten Satteldachgebäudes ließen sich seine ehemaligen Nutzungen noch gut ablesen: Der untere Teil mit einer massiv gemauerten Sockelzone diente früher als Stall und Geräteschuppen, darüber befand sich der Heuboden in leichter Holzkonstruktion. Nachdem die Bauherren das verlassene Gebäude von der Vorbesitzerin erwerben konnten, ist mittlerweile hier wieder Leben eingekehrt – und ein zeitgemäßes Wohnhaus mit Einliegerappartement entstanden.

Die Planung des Umbaus übernahm der Berliner Architekt Ralf Brandhofer. Da seine Auftraggeber auch selbst in der Baubranche tätig sind, beteiligten sie sich mit viel Engagement und Eigenleistung an dem Projekt. Ein Glücksfall für beide Seiten, wie Brandhofer feststellt: »Mit ihrem Maurer- und Betonbauerbetrieb brachten sie nicht nur das entsprechende Know-how, sondern auch sehr viel Gespür für Ort und Substanz mit.«

Der Entwurf sah vor, die alte Scheune als äußere Hülle zu erhalten und die neue Wohnnutzung nach dem Haus-im-Haus-Prinzip passgenau in den Bestand einzufügen. Dass in diesem Fall nur eine Massivbauweise in Betracht kam, stand für alle Beteiligten von Anfang an fest. Auch weil die Bauherren das Projekt aus Kostengründen mit ihrem eigenen Betrieb realisieren wollten. »So entstand die Idee, den massiven Sockel der Scheune nach innen weiterzubauen und daraus die ›Wohnkörper‹ zu formulieren«, wie Brandhofer sein Konzept beschreibt. »Das Dach und die hölzerne Fassade des Heubodens bleiben davon unberührt: Sie sind wie schon vorher eine reine Schutzhülle – nur dass eben jetzt darunter gewohnt wird.«

Von außen hat sich daher auf den ersten Blick wenig an dem ursprünglichen Stadel verändert, der sich nach wie vor mit seiner verwitterten Bretterfassade präsentiert. Nur einige große neue Fensteröffnungen sowie ein markanter Betonbalkon im Südwesten lassen erahnen, dass der Bau ein völlig neues Innenleben hat. Auch das Dach blieb wie es war: Sowohl das Tragwerk als auch die Eindeckung waren noch vollkommen intakt und mussten lediglich gereinigt werden. »Die Faserzementwelle wurde erst ein paar Jahre zuvor von der damaligen Eigentümerin nach einem Hagelschaden neu aufgebracht«, erklärt der Architekt.

Im Gebäudeinnern verteilen sich die Wohnräume – mit Einliegerappartement, Büro und Technik in der Eingangsebene sowie Hauptwohnung samt Gästebereich im Obergeschoss – auf zwei massive Baukörper. Diese wurden unter den hölzernen Dachstuhl eingeschoben und orientieren sich in ihrer Höhenstaffelung an dem Volumen der alten Scheune. Verbunden sind die beiden Trakte über eine mittige gebäudehohe Halle im Bereich der ehemaligen Tenne, die als zentrale Eingangs- und Erschließungszone zugleich dient.

Für Konstruktion und Innenausbau kamen vorwiegend einfache und robuste Materialien zum Einsatz: Die Wände der neuen Einbauten wurden aus Dämmziegeln gemauert, Böden und Decken sind aus sichtbar belassenem Beton, an dem sich das Muster der Bretterschalung abzeichnet – und damit an die frühere Nutzung erinnert: Das Altholz des ehemaligen Heubodens wurde für die Schalungselemente wiederverwendet. In starkem Kontrast zum ruppig-rauen Rohbaucharme der Betonflächen stehen die hellen, fein verputzten Wände sowie die Fenster, Türen und maßgefertigten Schreinereinbauten aus Weißtanne.

Gezielt gesetzte Öffnungen holen das Licht und die Landschaft von allen Seiten herein und inszenieren die Ausblicke in die Umgebung. So auch im Wohnzimmer, wo sich eine deckenhohe Festverglasung wie ein großes Schaufenster zur Kirche hin öffnet.

Vorherige Doppelseite Die äußere Hülle der ehemaligen Scheune blieb weitgehend erhalten, die neue Wohnnutzung wurde als Haus im Haus in den Bestand eingefügt.

Linke Seite Die Scheune wurde 1970 mitten im Ort, vis-à-vis der früheren Klosterkirche errichtet. Von Weitem betrachtet wirkt das Gebäude kaum verändert.

Links Seine verwitterte Holzfassade hat der einstige Stadel behalten, neue Fenster und ein Betonbalkon lassen die weitreichenden Umbauten in seinem Innern erahnen.

Unten Ein Panoramafenster inszeniert den Ausblick auf die Kirche. Für die Innenhülle aus Sichtbeton wurde das Altholz des Heubodens als Schalung verwendet.

Linke Seite Die Hauptwohnung liegt in der oberen Etage. Maßgefertigte Einbauten aus Weißtanne kontrastieren mit Sichtestrichböden und Oberflächen aus Beton.

Links Die frühere Tenne dient als zentraler Eingangs- und Erschließungsraum. Eine Betonbrücke verbindet die Wohnung im Obergeschoss mit dem Gästetrakt.

Unten Eine breite Schiebetür öffnet die Küche auf den Balkon im Südwesten. Er wird von dem weit auskragenden Dach und dem alten hölzernen Tragwerk überspannt.

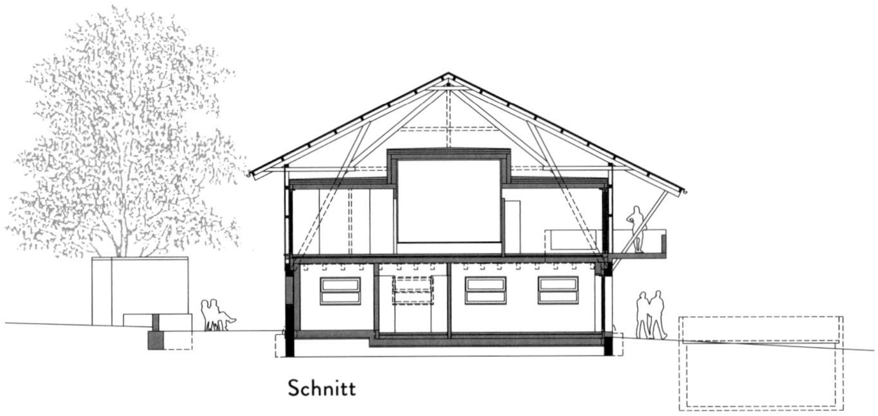

Schnitt

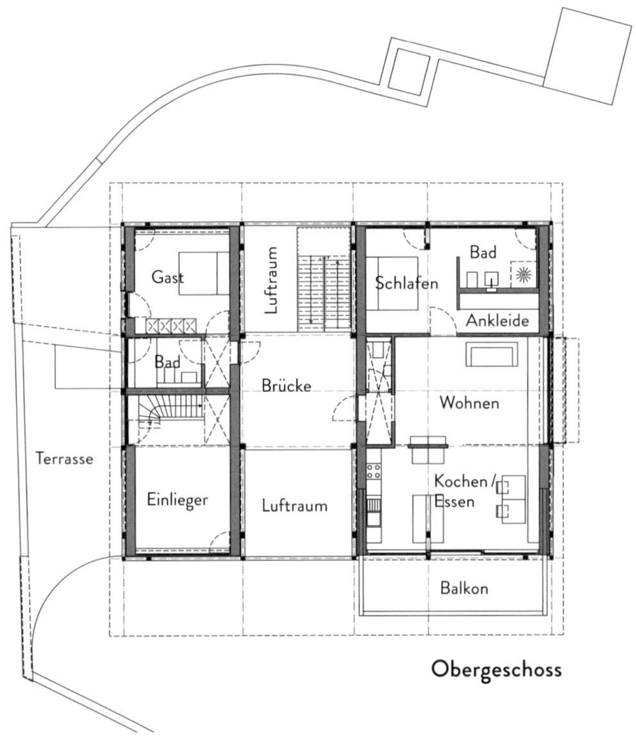

Obergeschoss

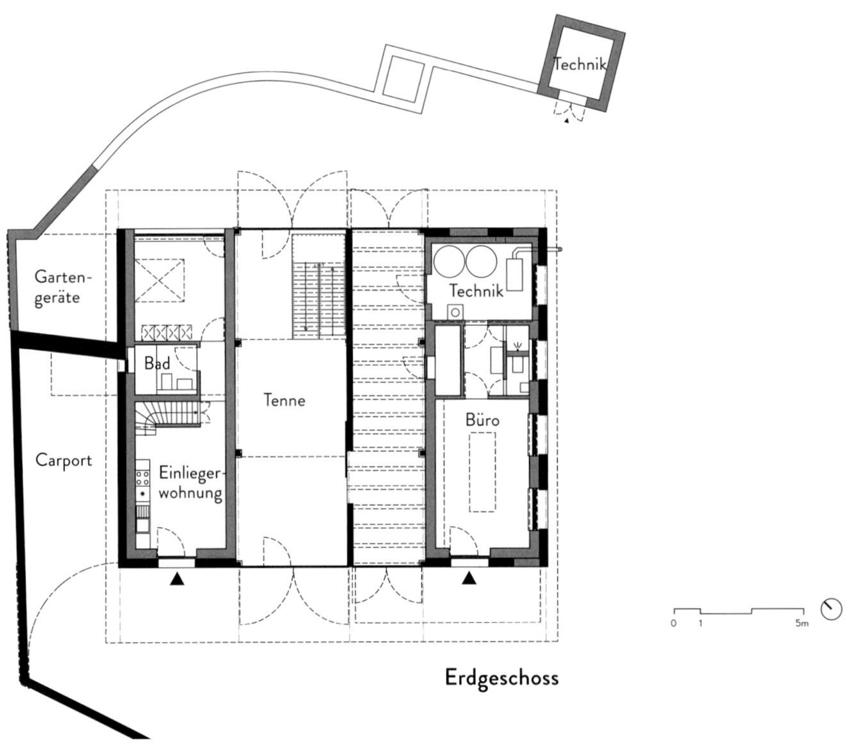

Erdgeschoss

Kurzporträt

- Umbau und Umnutzung einer Scheune aus den 1970er-Jahren zum Wohnhaus mit Einliegerappartement
- Wahrung von Charakter und Erscheinungsbild des landwirtschaftlichen Zweckbaus
- Erhalt von statischer Struktur und Außenhülle
- Neue massive Baukörper als zweite, thermisch getrennte Gebäudehülle nach dem Haus-im-Haus-Prinzip in den Bestand eingefügt
- Ehemalige Tenne als zentraler Eingangs- und Erschließungsraum
- Große Glasfronten für weite Blicke in die Landschaft
- Wenige, robuste Materialien für Konstruktion und Innenausbau
- Hoher Eigenleistungsanteil

Gebäudedaten

Grundstücksgröße: 1.105 m²
Wohnfläche nach Umbau: 200 m²
Zusätzliche Nutzfläche nach Umbau: 100 m²
Anzahl der Bewohner: 4
Bauweise: Sockelzone Mauerwerk, ehemaliger Heuboden in Holzkonstruktion (Bestand); Stahlbeton für Boden und Decke, Wände aus Dämmziegeln (neue Einbauten)
Fassade: Bretterschalung (Bestand), Dämmziegel, Kalkputz
Baukosten gesamt: ca. 400.000 Euro inklusive Eigenleistung
Energiekonzept: Scheitholz-Kessel
Heizwärmebedarf: 98 kWh/m²a
Primärenergiebedarf: 45 kWh/m²a
Baujahr Bestand: 1970
Fertigstellung Umbau: 2022

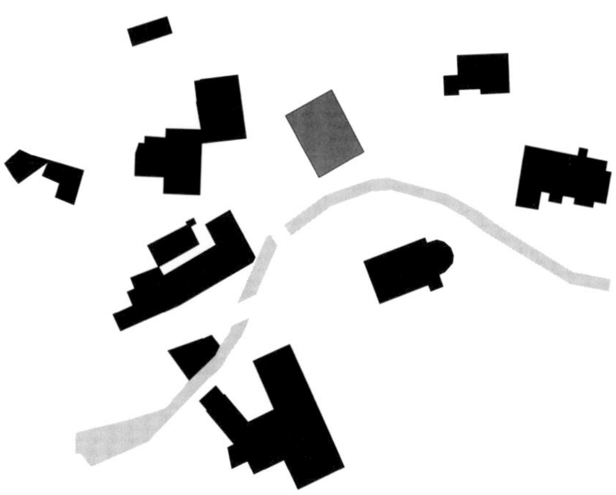

Lageplan

Ralf Brandhofer

» Die beiden Wohnungen wurden passgenau in die vorhandene Scheune eingebaut. Sie entwickeln sich als massive Baukörper aus dem Sockel in den hölzernen Dachraum. «

KLINKER MIT KLASSE

Haus M in Karlsruhe

Thomas Fabrinsky

Wohngebäude wie diese entstanden in den 1960er-Jahren landauf, landab: Mit Lochfassade, grobem Strukturputz, dunklen Holzverkleidungen und massiven Balkonbrüstungen aus Waschbeton entsprach das Zweifamilienhaus im Karlsruher Süden ganz dem Geschmack der damaligen Zeit – hatte aber auch etwas Beliebiges. Doch im Übrigen war der solide Mauerwerksbau, abgesehen von den für seine Entstehungszeit typischen energetischen Defiziten, insgesamt gut erhalten. Weshalb sich die Bauherren auch für den Erwerb der Alt-Immobilie entschieden hatten und den Architekten Thomas Fabrinsky mit deren Umbau beauftragten.

Gegliedert ist das Gebäude wie ein ineinander verschränktes Doppelhaus: Jede Partei hat einen separaten Eingang – im Westen beziehungsweise Osten –, sodass man sich nicht über den Weg läuft und auch im Außenraum für Privatheit gesorgt ist. Die größere der beiden Einheiten erstreckt sich vom Untergeschoss bis in den ersten Stock über insgesamt drei Ebenen. Dabei verzahnt sie sich im Obergeschoss mit der zweiten, kleineren Wohnung, die als Maisonette bis unters Dach reicht. Diese solide Grundstruktur bedurfte nur weniger Korrekturen und statischer Eingriffe, um sie an die Wohnvorstellungen der neuen Besitzer anzupassen.

Auch an der Kubatur des Satteldachhauses hat sich so gut wie nichts verändert. Nur die auskragenden Betonbalkone mit ihren wuchtigen Brüstungen wurden entfernt und damit auch alle Wärmebrücken beseitigt. Völlig neu gestaltet hingegen sind die Außenanlagen und der Zugangsbereich: Man betritt die Hauptwohnung über einen Innenhof, den eine Sichtbetonwand gegen die Straße abschirmt. Ein breites Eingangspodest dient als Terrassenplattform und Sonnendeck zugleich – und hilft, die ungünstige Süderschließung des Grundstücks zu kompensieren.

Drinnen hat sich die einst düstere Diele in ein lichtdurchflutetes Entree verwandelt, das nach einem Wanddurchbruch nahtlos in die Essküche übergeht. Ein Luftraum über dem Essplatz stellt zudem den Sichtkontakt in die darüberliegende Etage her, was auch in der Vertikalen für Großzügigkeit sorgt. Um den Eindruck von lichter Offenheit und Weite nicht zu unterbinden, musste die interne Erschließung verändert werden, was dem Grundriss aber sichtlich zugutekommt: Anstelle der raumgreifenden geschwungenen Treppe im Eingangsbereich führt nun eine platzsparende einläufige Treppe hinter der Küchentrennwand weiter nach oben – oder hinab in den Familienwohnbereich, wo sich zuvor das Hallenbad befand. Dieses wurde zurückgebaut und hat sich mit offenem Kamin und abgesenkter Leseecke in einen großzügigen Aufenthaltsraum verwandelt. Da der Garten im Norden bedingt durch einen Geländesprung eine Etage tiefer liegt, gelangt man hier ebenerdig nach draußen und auf eine weitere vorgelagerte Terrasse.

In der zweiten Wohnung, die man von Osten über ein separates Treppenhaus betritt, wurde der Grundriss hingegen nur geringfügig verändert. Als Ausgleich für den fehlenden Garten blieb der Südbalkon an der Giebelseite erhalten – ist jedoch mit seiner luftigen Gitterbrüstung kaum wiederzuerkennen. Und in der obersten Etage entstand mit einem neuen Dacheinschnitt eine sichtgeschützte Terrasse, sodass auch das Elternzimmer von einem zusätzlichen Freisitz profitieren kann.

Nach seiner Rundumerneuerung ist das Haus technisch und energetisch wieder ganz auf der Höhe der Zeit. Fassaden und Dachflächen wurden gedämmt, eine Photovoltaikanlage mit Batteriespeicher liefert Strom für den Eigenbedarf. Nach außen hin präsentiert sich der einst unscheinbare Bau in völlig neuem Gewand: mit einer Verkleidung aus schwarzen Klinkern im Langformat, die seine klaren Konturen betonen und ihm ein unverwechselbares Aussehen geben. Die markante Außenhülle war allerdings mit erheblichem handwerklichem Mehraufwand verbunden. »Zum Leidwesen der Verfuger«, wie Fabrinsky berichtet, hatte er sich hier ein besonderes Detail ausgedacht: »Die Lagerfugen sind weiß und die Stoßfugen schwarz. Somit entstanden nur horizontale, helle Linien, was dem Gebäude eine besondere Eleganz verschafft.«

Vorherige Doppelseite Die Diele hat sich in einen offenen, lichtdurchfluteten Empfangsraum verwandelt, eine Holzterrasse erweitert die Wohnfläche fließend ins Freie.

Linke beide Mit klarer Kontur und neuem Klinkerkleid präsentiert sich das Zweifamilienhaus nach dem Umbau. Die wuchtigen Waschbeton-Balkone wurden entfernt.

Unten Die größere der beiden Wohneinheiten reicht über drei Etagen. Bedingt durch einen Geländesprung liegt der Garten ein Geschoss unter dem Eingangsniveau.

Oben Eine breite Wandöffnung bindet die Küche an das Entree an. Ein Luftraum über dem Essplatz stellt den Sichtkontakt zur Galerie in der darüberliegenden Etage her.

Rechts oben Das Eingangspodest dient als Terrassenplattform und Sonnendeck zugleich – und hilft, die ungünstige Süderschließung des Grundstücks zu kompensieren.

Rechts unten beide Im Hanggeschoss befand sich früher ein Hallenbad, heute liegt hier der Wohnbereich. Von der Galerie im Obergeschoss fällt der Blick ins Grüne.

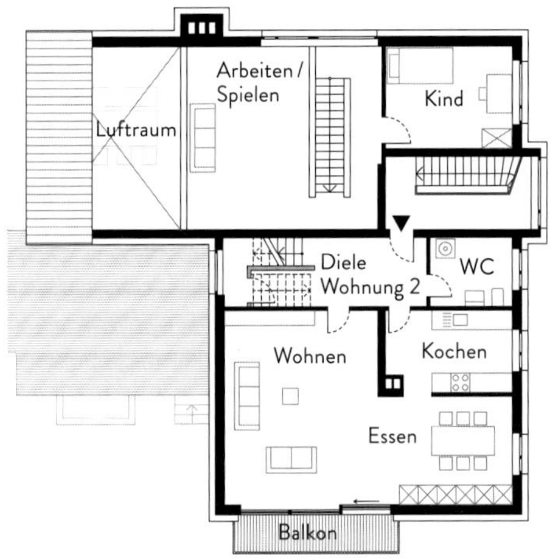

Obergeschoss

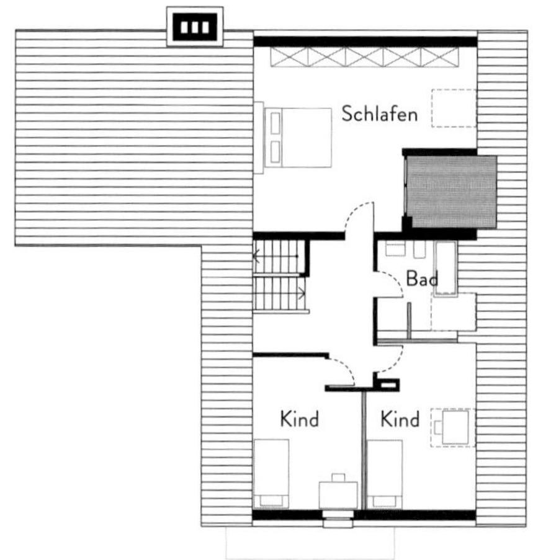

Dachgeschoss

Gartengeschoss (Ausschnitt)

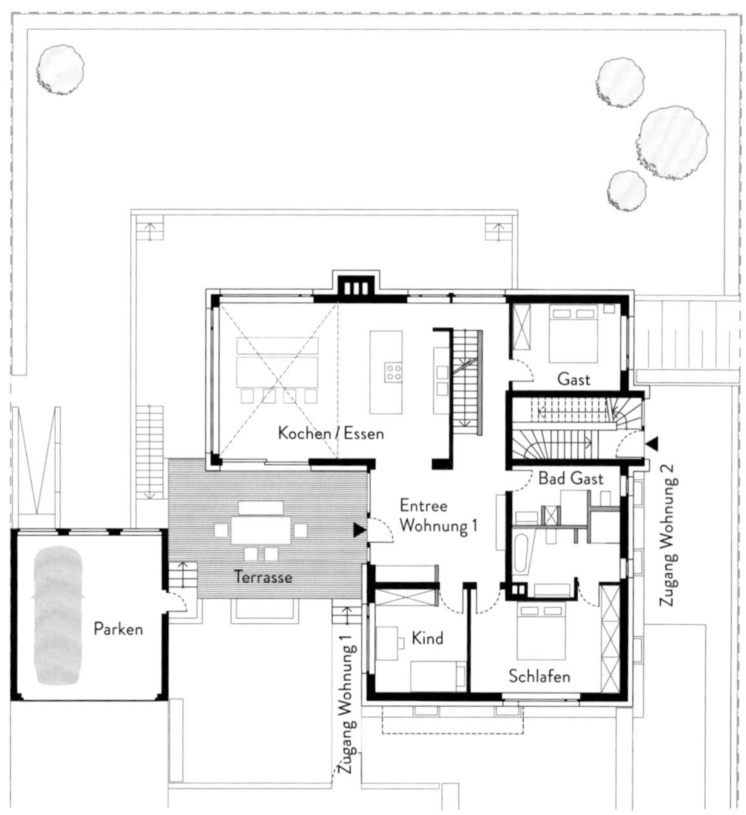

Erdgeschoss

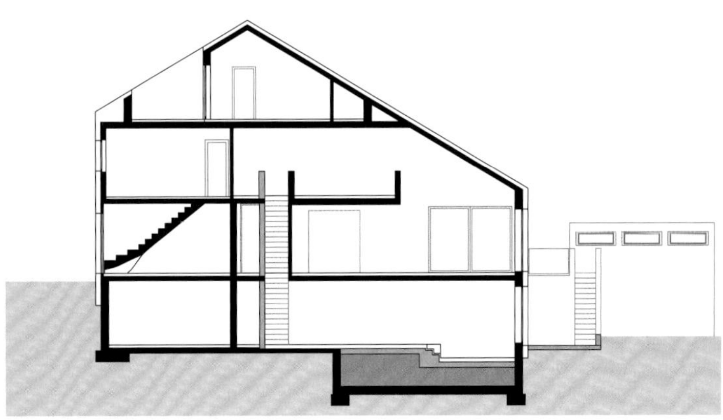

Schnitt

Kurzporträt

» Umbau eines Zweifamilienhauses aus den 1960er-Jahren unter weitgehendem Beibehalt der Kubatur

» Energetische Sanierung, Dämmung von Dach und Fassaden, Abbruch der Betonbalkone, Beseitigung von Wärmebrücken

» Neugestaltung der Außenanlagen und Hauszugänge

» Grundriss in Hauptwohnung gelichtet und neu organisiert, Treppe verlegt, Hallenbad im Souterrain zurückgebaut und zum Wohnraum umfunktioniert

» Neuer Dacheinschnitt mit sichtgeschütztem Freisitz für Maisonettewohnung

» Fenster in Größe und Lage optimiert, Fassade mit Klinker verkleidet

» Erneuerung von Haustechnik und Installationen

Gebäudedaten

Grundstücksgröße: 820 m²
Wohnfläche: 220 m² (Wohnung 1) + 160 m² (Wohnung 2)
Zusätzliche Nutzfläche: 85 m²
Anzahl der Bewohner: 3 + 4
Bauweise: massiv, Mauerwerk und Stahlbeton
Fassade: schwarzer Klinker im Langformat (weiße Lagerfugen, schwarze Stoßfugen), Mineralwolledämmung
Energiekonzept: Luft-Wasser-Wärmepumpe, Fußbodenheizung, dachintegrierte Photovoltaikanlage, offener Kamin
Heizwärmebedarf: 24 kWh/m²a
Primärenergiebedarf: 44 kWh/m²a
Baujahr Bestand: 1969
Fertigstellung Umbau: 2023

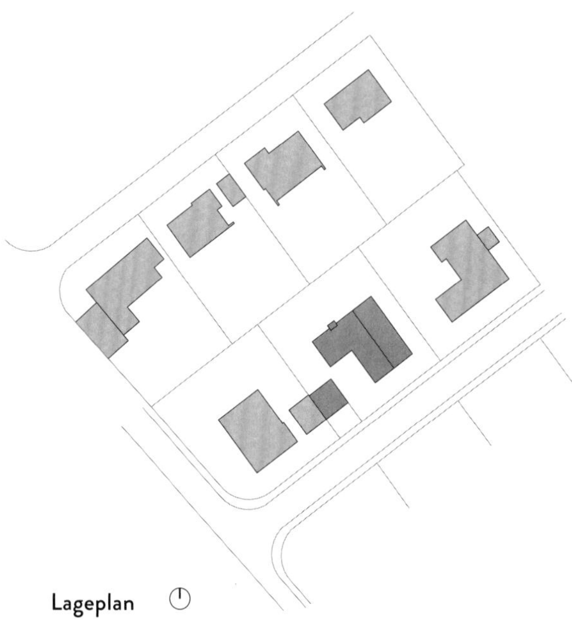

Lageplan

Thomas Fabrinsky

» Die Fassade wurde aus schwarzen Klinkern im Langformat errichtet, mit weißen Lagerfugen und schwarzen Stoßfugen. So entstanden nur horizontale, helle Linien, was dem Gebäude eine besondere Eleganz verschafft. «

EINE GUTE VERBINDUNG

Haus P in Puch (Österreich)

dunkelschwarz

Die kleine Gemeinde Puch bei Hallein im Tennengau ist eingebettet in die imposante Kulisse der Salzburger Bergwelt. Von dieser idyllischen Lage kann auch die junge Familie profitieren, die am Ortsrand in direktem Anschluss an das elterliche Haus ihr eigenes Domizil errichtet hat. Es steht auf einem exponierten Grundstück in Hanglage und ist auch von Weitem nicht zu übersehen: als kompakter, turmartiger Solitär ragt der dreigeschossige Erweiterungsbau aus dem Gelände hervor. Im Norden dockt er anstelle der früheren Garage an das bestehende Haus aus den 1990er-Jahren an.

Zusammen bilden die beiden Gebäude ein kleines Ensemble – und könnten kaum unterschiedlicher sein: Während sich der Bestand mit Putzfassade, Sprossenfenstern und rot gedecktem Satteldach betont traditionsbewusst gibt, setzt der skulptural anmutende Neubau auf eine eigenständige Architektur- und Formensprache. Was nicht nur an seiner lisenenartig gegliederten Holzfassade und den großformatigen Öffnungen liegt, sondern vor allem auch an seinem asymmetrischen Dach: Ein diagonal verlaufender First und zwei versetzte Traufpunkte betonen die vertikale Ausrichtung des Baukörpers zusätzlich. Doch bei allem Hang zur Eigenwilligkeit setzt er auf Gemeinsamkeit mit dem Bestand und greift dessen Dachneigung wieder auf. Beide Gebäude sind über einen eingeschossigen Zwischentrakt miteinander verbunden, der zusammen mit Carport und Vorplatz eine neue Eingangssituation entstehen lässt.

Die Entscheidung, in die Höhe zu bauen, hatte nicht nur formale, sondern auch ganz pragmatische Gründe – zumal es galt, das Raumprogramm auf einem relativ kleinen Baufeld unterzubringen. Die Wohnfläche verteilt sich nun auf drei Etagen: In der Eingangsebene bildet eine große Essküche das kommunikative Zentrum des Familienlebens und öffnet sich mit bodentiefen Glasfronten auf eine vorgelagerte Aussichtsterrasse. In der mittleren Ebene sind zwei Zimmer und ein Bad untergebracht, gefolgt von der Dachetage mit einem loungeartigen Wohnbereich, der über eine Schiebetür vom Elternzimmer abgeteilt ist. Durch die asymmetrische Dachform ergeben sich auch im Innern interessante Verschneidungen und Raumgeometrien.

Trotz seines kompakt organisierten Grundrisses wirkt der Bau erstaunlich geräumig. Dazu tragen vor allem die großen, gezielt gesetzten Fensteröffnungen bei, die das Licht und die Landschaft von allen Seiten hereinholen und den Blick auf das atemberaubende Bergpanorama lenken.

Sowohl bei der Wahl der Konstruktion als auch beim Innenausbau setzten Architekten und Auftraggeber auf natürliche Materialien: Das Haus ist ein Holzriegelbau mit massiven Brettstapeldecken. Die Außenwände erhielten eine Zellulosedämmung und eine Fassadenverkleidung aus unbehandelter Tanne. Diese wird im Lauf der Zeit eine schwarzgraue Patina annehmen und den Bau immer mehr in die umgebende Landschaft einbinden.

Holz prägt nicht nur das äußere Erscheinungsbild, sondern auch die Atmosphäre im Gebäudeinnern. Decken- und Wandverkleidungen aus astfreier Tanne legen sich wie eine schützende Schale um die Räume und tragen zusammen mit den geölten Eschendielen zum homogenen Wohnambiente bei. Der fugenlose Bodenbelag im Erdgeschoss ist aus Lehm-Kasein – einem natürlichen, umweltfreundlichen Baustoff, der ohne Lösungs- und Konservierungsmittel auskommt. Ergänzt wird die reduzierte Materialpalette durch Lehmputz und Naturstein. »Diese Materialien altern mit Würde, ihre gelebten Oberflächen erzählen im Laufe der Zeit die Geschichte des Hauses«, wie das Planerteam erklärt.

Da der Neubau keinen Keller hat, kann er von seiner Nähe zum Bestand profitieren: Die Haustechnik ist im Untergeschoss des Altbaus untergebracht. Eine Sole-Wasser-Wärmepumpe mit Tiefensonden ersetzt die alte Ölheizung und versorgt beide Gebäude mit Wärme. Im Sommer kann sie auf Kühlfunktion umgestellt werden – und garantiert ein konstant angenehmes Raumklima.

Vorherige Doppelseite Helles Holz prägt nicht nur das äußere Erscheinungsbild des neuen Anbaus, sondern bestimmt auch die Wohnatmosphäre im Gebäudeinnern.

Linke beide Der kompakte, turmartige Zubau dockt anstelle der Garage an das bestehende Wohnhaus an. Ein Carport aus Sichtbeton dient als neuer Stellplatz.

Rechts Die lisenenartig gegliederte Fassade betont die vertikale Ausrichtung des Baukörpers. Alt und Neu sind über einen gemeinsamen Zugangsbereich verbunden.

Links Der Grundriss ist kompakt organisiert, die Essküche liegt in der Eingangsebene. Der Bodenbelag besteht aus Lehm-Kasein, die Möbelfronten sind aus Tannenholz.

Rechts Die Bergwelt im Blick: Bodentiefe Glasfronten holen das Licht und die Landschaft herein. Eine Holzterrasse erweitert die Wohnfläche fließend ins Freie.

Unten Wohnraum und Schlafzimmer sind im Dachgeschoss untergebracht. Decken- und Wandverkleidungen aus Tanne sowie Eschendielen sorgen für gemütliches Flair.

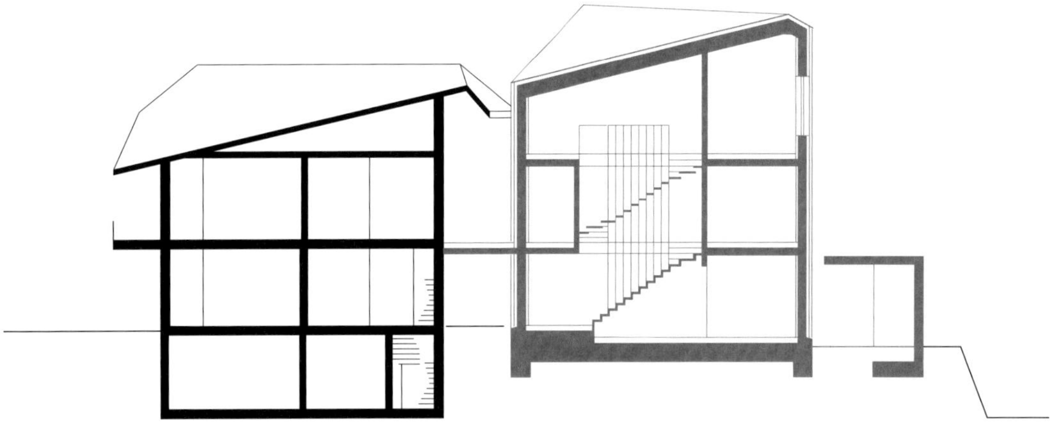

Schnitt

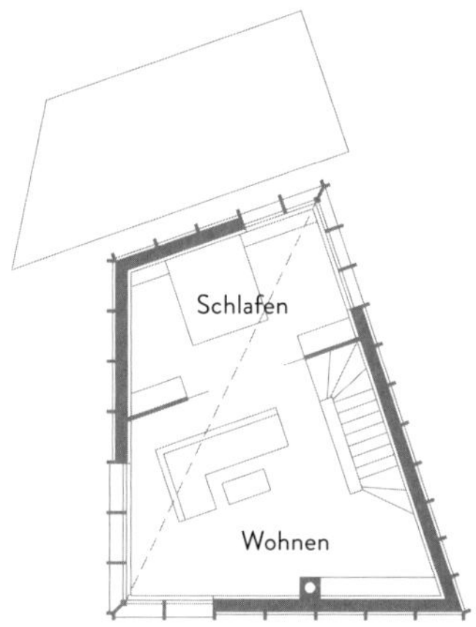

Dachgeschoss

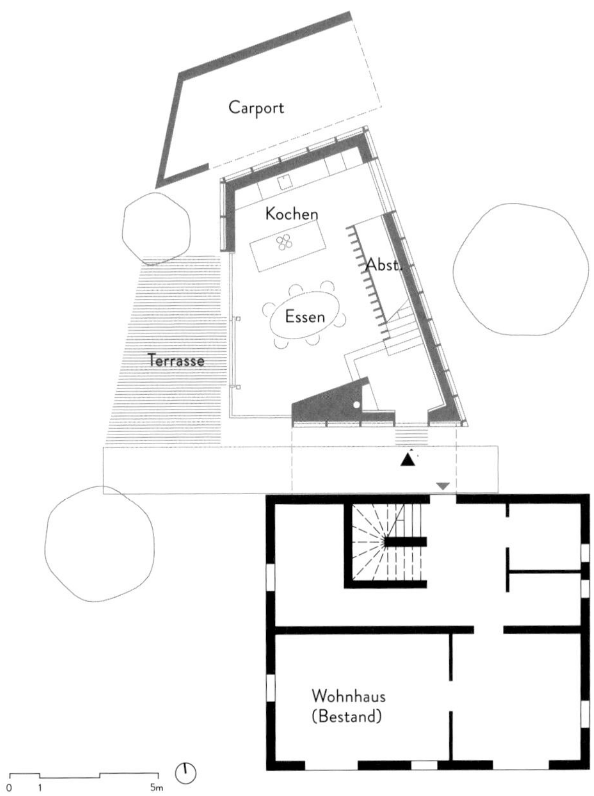

Erdgeschoss

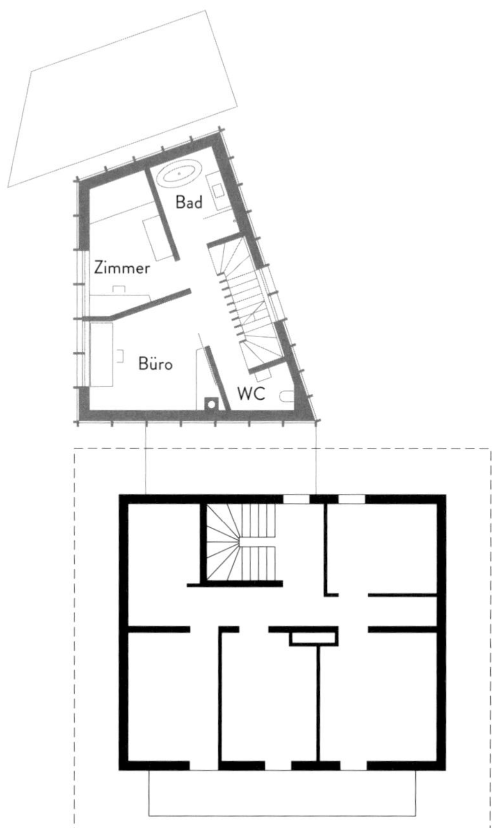

Obergeschoss

Kurzporträt

- Erweiterung eines Einfamilienhauses von 1990 um einen Anbau für Mehrgenerationenwohnen
- Dreigeschossiger Neubau anstelle der Garage im Norden, in Architektur- und Formensprache vom Bestand abgesetzt
- Neugestaltung der Eingangssituation mit gemeinsamem Verbindungstrakt
- Organisation des Raumprogramms auf kleinem Baufeld in die Vertikale
- Kompakter Grundriss mit minimaler Verkehrsfläche
- Gezielt gesetzte Öffnungen für optische Großzügigkeit und vielfältige Ausblicke
- Wenige natürliche Materialien für Konstruktion und Innenausbau

Gebäudedaten

Grundstücksgröße: 797 m²
Wohnfläche Anbau: 127 m²
Zusätzliche Nutzfläche: 25 m² (Carport)
Anzahl der Bewohner: 3
Bauweise: Holzriegelbau mit massiven Brettstapeldecken
Fassade: vertikale, unbehandelte Tannenholzschalung, Zellulosedämmung
Baukosten gesamt: ca. 550.000 Euro
Energiekonzept: Sole-Wasser-Wärmepumpe mit Tiefensonden im UG des Bestands (versorgt beide Einheiten), im Sommer auch zur Kühlung; Photovoltaikanlage, Fensterlüftung
Heizwärmebedarf: 41 kWh/m²a
Primärenergiebedarf: 50 kWh/m²a
Baujahr Bestand: 1990
Fertigstellung Anbau: 2024

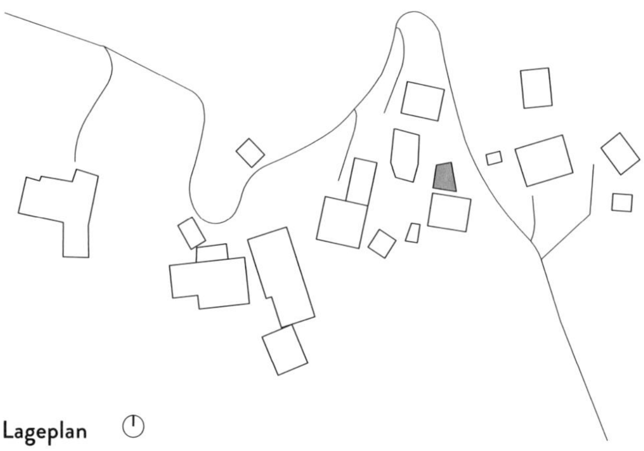

Lageplan

Michael Höcketstaller, Erhard Steiner und Hannes Sampl, dunkelschwarz

» Der diagonale First und zwei versetzte Traufpunkte schärfen die Vertikalität des Baukörpers und setzen einen kraftvollen, aber harmonischen Kontrapunkt zum horizontal geprägten Bestand. «

ALT UND NEU IM DIALOG

Dirnbergergut im Bezirk Perg (Österreich)

Moser und Hager Architekten

Traditionelle Bauern- und Gutshöfe prägen nach wie vor das Landschaftsbild im oberösterreichischen Mühlviertel, darunter auch zahlreiche Vierkanthöfe mit teils beachtlichen Abmessungen. Wie überall hat der Strukturwandel auch hier zur Folge, dass immer mehr Ställe, Scheunen oder ganze Gebäude leerstehen und verfallen, weil sich keine neue Nutzung für sie findet. Doch auch wenn sie ihre ursprüngliche Funktion verloren haben, bleiben sie ein wichtiger Teil der regionalen Baukultur. Mittlerweile gewinnt die Wertschätzung des Bestands jedoch immer mehr an Bedeutung – und damit auch die Frage, wie er sich sinnvoll umnutzen lässt. Wie gut das gelingen kann, zeigt dieses Projekt von Anna Moser und Michael Hager, die mit der Transformation einer alten Tenne neuen Wohnraum für eine junge Familie geschaffen haben.

Ausgangspunkt der Planung war eine historische Hofstätte nördlich der Donau mit zwei klar voneinander getrennten Trakten: einem Vierkanthof mit dem früheren Wohnbereich sowie einem längst stillgelegten Gasthaus – und gegenüberstehend die Tenne in einem separaten Bau. »Die Aufgabe bestand darin, die beiden Gebäude in drei gleichwertige Wohneinheiten für mehrere Generationen zu transformieren, wobei die historische Struktur der Scheune erhalten und in das neue Nutzungskonzept integriert werden sollte«, wie das Planerteam erläutert.

Obwohl in der ersten Projektphase zunächst der Umbau des Vierkanthofes diskutiert wurde, geriet die Tenne immer mehr ins Visier des Architektenteams und seiner Auftraggeber. Zumal der schlichte, extrem langgestreckte Zweckbau mit seinem mächtigen Walmdach nicht nur ein enormes räumliches Potenzial bot, sondern auch in formaler und funktionaler Hinsicht besser geeignet schien, um hier ein zeitgemäßes Wohnkonzept umzusetzen: allem voran seine Ost-West-Orientierung sowie die solide, gut erhaltene Struktur aus Sichtmauerwerk mit Ziegelpfeilern und Holzdachstuhl. Als Erstes stand daher die Umwandlung der Tenne zum Wohnhaus auf dem Plan.

Wichtig war allen Beteiligten, das Erscheinungsbild des einfachen landwirtschaftlichen Gebäudes zu erhalten: »Die massiven Ziegelpfeiler und das Dach, die das charakteristische Bild der Tenne prägen, bleiben als tragende Elemente bestehen und wurden in die Planung einbezogen«, wie die Architekten ausführen. Die hölzernen Seitenwände hingegen wurden entfernt und das Gebäude entkernt. Dessen äußere Hülle bildet nun den Rahmen für den zweistöckigen Neubau, der als Haus im Haus in den Bestand eingefügt ist und respektvoll Abstand zu ihm hält. Nur das Dachtragwerk ist in die neue Architektur integriert und lässt sich im Innern an den sichtbar belassenen Balken und Stützen ablesen.

Mit seiner schlichten, schwarz gestrichenen Fichtenholzfassade hält sich der neue Baukörper auch im Farbton dezent zurück. Damit steht er in reizvollem Kontrast zum rustikalen Backsteinmauerwerk, dessen Schadstellen und abgebrochene Kanten ungeschönt zutage treten und die Geschichte lebendig halten. Zwischen innerem und äußerem Haus ergeben sich abwechslungsreiche Blickbeziehungen, die mit großen Glasflächen und gezielt gesetzten Öffnungen inszeniert werden. Die überdachten Zwischenräume dienen als zusätzliche Aufenthaltsbereiche und erweitern die Wohnfläche fließend ins Freie.

Dieses Zusammenspiel zieht sich bis ins Gebäude hinein: Die betonierte Bodenplatte der Scheune setzt sich im Erdgeschoss als gespachtelter Estrich fort.

In seinem Innern bietet der Neubau zeitgemäßen Wohnkomfort auf zwei Ebenen: Im Erdgeschoss reihen sich die Gemeinschaftsräume in offener Folge aneinander, optisch unterteilt nur durch einen zentralen Infrastruktur- und Technikblock. Die privaten Zimmer liegen im Obergeschoss, das über eine Galerie Blickkontakt zum Essplatz in der Eingangsebene hält. Der Innenausbau ist mit wenigen Farben und Materialien bewusst zurückhaltend gestaltet: Sichtbetondecken, weiß gestrichene Wände, Estrichboden und Eichenholzdielen schaffen einen neutralen Hintergrund für das bunte Familienleben.

Vorherige Doppelseite Auf Abstand gegangen: Mit seiner schwarzen Fichtenholzfassade tritt das neue Wohnhaus auch optisch dezent hinter den Bestand zurück.

Linke Seite Die ehemalige Tenne mit massiven Ziegelpfeilern und Holzdachstuhl dient als äußere Hülle für den Neubau, der als Haus im Haus eingefügt ist.

Oben Zwischen drinnen und draußen: Auf der Südseite liegt ein großzügiger halboffener Aufenthaltsbereich, der von dem mächtigen Walmdach beschirmt wird.

Links Das Backsteinmauerwerk mit seinen abgestoßenen Kanten und unregelmäßigen Oberflächen bildet einen starken Kontrast zu den klaren Konturen des Neubaus.

Links Im Erdgeschoss reihen sich die Gemeinschaftsräume offen aneinander. Hinter dem zentralen Infrastruktur- und Technikblock schließen sich Diele und Treppenhaus an.

Unten links Eine Stahltreppe mit Betonpodest führt zu den privaten Rückzugsbereichen in der oberen Etage. Gespachtelter Estrich dient als robuster Bodenbelag.

Unten rechts Zwischen äußerem und innerem Haus ergeben sich vielfältige Blickbeziehungen. Ein gebäudehoher Luftraum verbindet die Galerie mit dem Erdgeschoss.

Rechts Der Ausgang zur überdachten Terrasse im Süden liegt leicht erhöht auf einen Holzpodest, was ihn auch optisch vom offenen Wohnbereich abhebt.

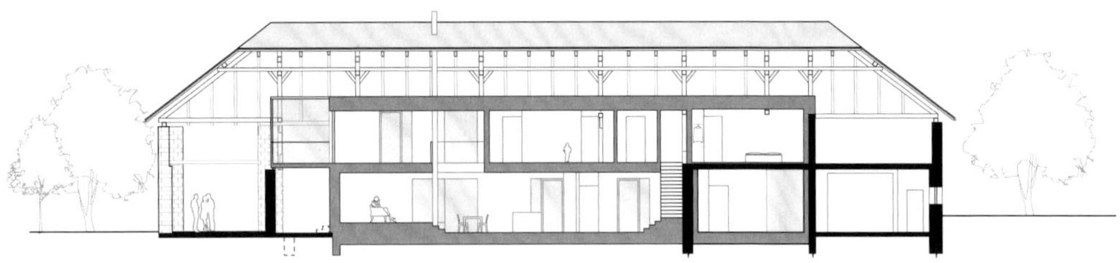

Schnitt

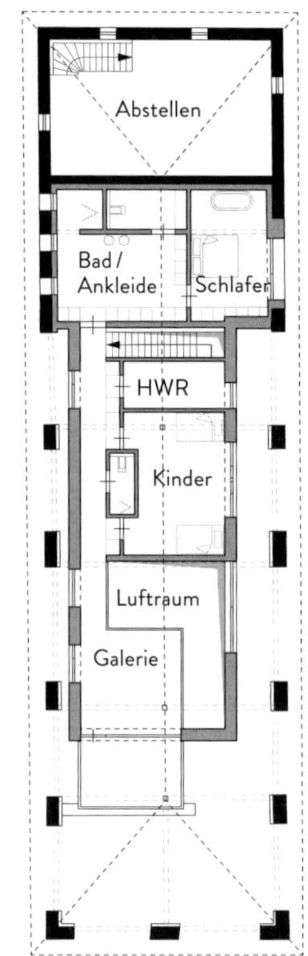

Obergeschoss

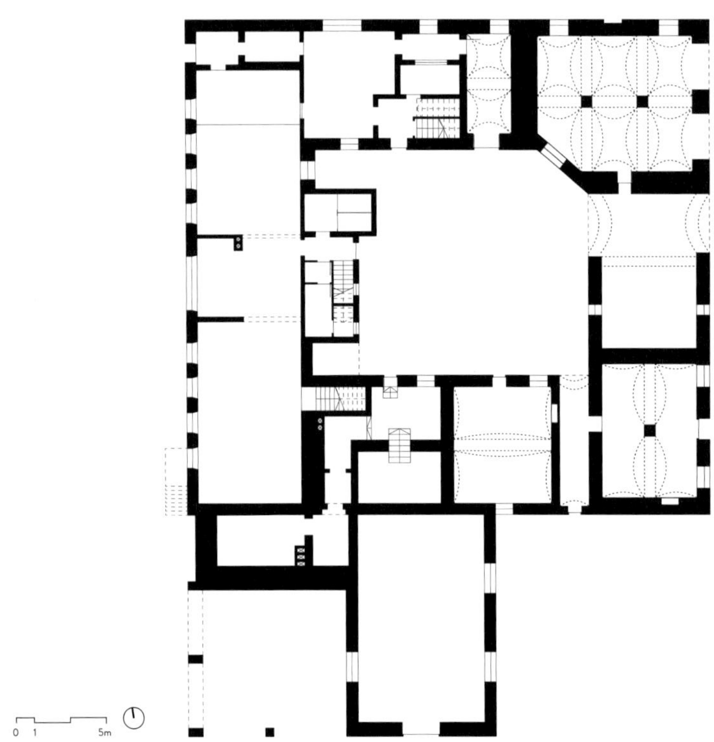

Vierkanthof (Altbau)

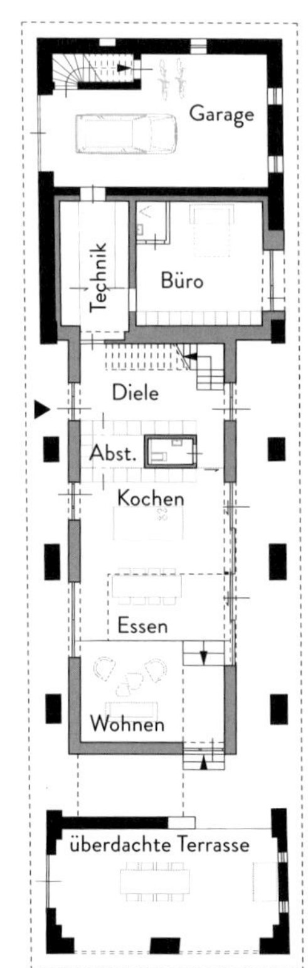

Erdgeschoss

Kurzporträt

- Umbau und Transformation einer historischen Hofstätte zum Mehrgenerationen-Ensemble
- Umnutzung der früheren Tenne zu Wohnzwecken
- Erhalt von statischer Struktur und Außenhülle (Ziegelpfeiler, Dach)
- Neubau als Haus im Haus in den Bestand eingefügt
- Alte und neue Elemente in Farbe, Form und Materialwahl differenziert
- Fließende Übergänge zwischen Innen- und Außenraum, überdachte Aufenthaltsbereiche und großzügige Freisitze
- Offener Grundriss im Erdgeschoss mit zentralem Technikkern
- Vielfältige Blickbeziehungen zwischen altem und neuem Haus

Gebäudedaten

Grundstücksgröße: 406 m^2
Wohnfläche: 268 m^2
Zusätzliche Nutzfläche: 96 m^2
Anzahl der Bewohner: 3
Bauweise: massiv, Ziegelmauerwerk (Bestand + Neubau)
Fassade: Fichtenholzschalung, schwarz gestrichen
Energiekonzept: Luft-Wasser-Wärmepumpe
Heizwärmebedarf: 40 kWh/m^2a
Primärenergiebedarf: 57,3 kWh/m^2a
Baujahr Bestand: um 1970 (Tenne)
Fertigstellung Umbau: 2024

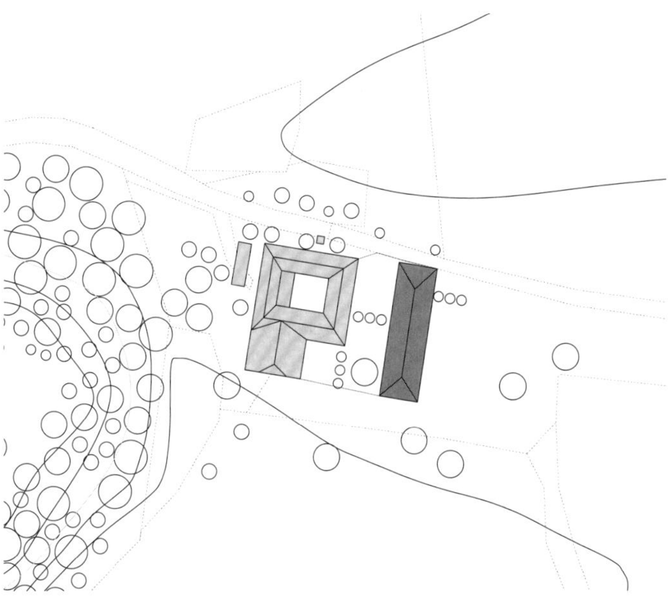

Lageplan

Anna Moser und Michael Hager

» Die massiven Ziegelpfeiler und das Dach, die das charakteristische Bild der Tenne prägen, bleiben als tragende Elemente bestehen und wurden in die Planung einbezogen. «

VERZEICHNIS DER ARCHITEKTINNEN UND ARCHITEKTEN | BILDNACHWEIS

AE-architecten
19 Guldenmeers
9050 Gentbrugge
Belgien
ae-architecten.be
Haus DT in Gent, Belgien (S. 22)
Projektteam: Jan Baes,
Petra Decouttere, Jack Bailey,
Duarte Miranda
Fotos: Stijn Bollaert,
stijnbollaert.com
Porträt: Faye Pynaert

ALAS Alarcon Linde Architects PartG mbB
Axel Linde, Carlos Alarcón Allen
Wilhelmine-Gemberg-Weg 14
10179 Berlin
alas.berlin
Alte Schlosserei in Berlin-Neukölln (S. 218)
Mitarbeit: Tobias Vogel,
Jimi Estévez, Elisabeth Sundin
Fotos und Porträt: Ronald Patrick,
ronaldpatrick.com

ANASTASIOU MISSERI
99 Aeschylou
1011 Nicosia
Zypern
anastasioumisseri.com
Haus in Kaimakli / Nikosia, Zypern (S. 106)
Projektteam: Michalis Anastasiou,
Stephanie Misseri
Fotos und Porträt: James Retief,
jamesretief.com

Ralf Brandhofer
Dipl.-Ing. Freier Architekt BDA
Langhansstraße 126
13086 Berlin
ralfbrandhofer.de
Haus in einer Scheune in Sitzenkirch (S. 226)
Mitarbeit: Franziskus Rau
Fotos und Porträt: Jessica Siegel,
Cölbe

Beat Burgmaier Architekten AG
Wuhrstrasse 13
9490 Vaduz
Liechtenstein
beatburgmaier.li
Renovierung und Umnutzung
Hofstätte Hintergass in Vaduz,
Liechtenstein (S. 154)
Projektteam: Beat Burgmaier,
Tamara Mnich
Fotos Bestand und Umbau:
Barbara Bühler,
barbarabuehler.com
Porträt: Archiv Architekten

Cometa Architects
Faidra Matziaraki & Víctor
González Martí
Joan Guell, 54 (TC-Interiors)
08028 Barcelona
Spanien
cometaarchitects.com
Casa D in Holargos / Athen,
Griechenland (S. 130)
Projektteam: Faidra Matziaraki,
Víctor González Martí,
Nicolas de Leon, Alvaro Portoles
Fotos: Giorgos Sfakianakis,
giorgossfakianakis.com
Porträt: Cometa Architects

depA architects
Rua de Santa Catarina, 925 R/C
4000-455 Porto
Portugal
depa.pt
Haus in Espinho, Portugal (S. 90)
Projektteam: João Crisóstomo,
Luís Sobral, Carlos Azevedo, Belen
Muñoz, João Ferreira, Manuel Vilaça
Fotos S. 90, 91, 92 re.o., 93 o., 94,
95: Frederico Martinho,
fredericomartinho.pt
Foto S. 93 u.: depA architects
und
Casa Barão São Cosme in Porto,
Portugal (S. 146)
Projektteam: Luís Sobral, Carlos
Azevedo, João Crisóstomo,
Ângela Meireles, Margarida Leitão,
Hugo Sobrosa
Fotos: José Campos,
josecamposphotographer.com
Porträt: depA architects

dunkelschwarz ZT GmbH
Quartier Rauchmühle
Marie-Andeßner-Platz 1
5020 Salzburg
Österreich
dunkelschwarz.com
Haus P in Puch, Österreich (S. 242)
Mitarbeit: David Fischer
Fotos und Porträt: Carina Brunnelli,
carinabrunnelli.com

architekturbuero eder
Lena Maria Eder, Benjamin Eder
Isartalstraße 14
80469 München
b-eder.de
Umbau eines 1960er-Jahre-
Hauses in Gauting (S. 138)
Mitarbeit: Jens Roll
Fotos: Sebastian Schels,
schels.net
Porträt: Anna Katharina Brehm

Thomas Fabrinsky
Dipl.-Ing. Freier Architekt BDA
Hirschstraße 89
76137 Karlsruhe
fabrinsky.com
Haus M in Karlsruhe (S. 234)
Mitarbeit:
M.A. Architekt Max Liesching,
Dipl.-Ing. Architektin Annette Jung
Fotos: Stephan Baumann,
bild-raum.com
Porträt: Archiv Architekt

Falke Architekten
Martin Falke, Architekt BDA
Fleischmengergasse 5
50676 Köln
falke-architekten.de
Neues Wohnen im Baudenkmal
in Köln-Sülz (S. 56)
Fotos: Lioba Schneider,
liobaschneider.de
Porträt: Frank Schoepgens
Fotografie

Johannes Götz und Guido Lohmann
Hardtstraße 8
50939 Köln
johannesgoetz.com
Ferienhaus in Ostfriesland (S. 64)
Mitarbeit: Sarah Schroeter
Fotos: Sarah Schroeter
Porträt: Sibylle Mall

Anja Grünewald
Dipl.-Ing. Architektin (FH)
Taunusstraße 59–61
55118 Mainz
egr-architekten.de
Umbau eines Bungalows in Mainz (S. 176)
Fotos und Porträt: Julia Teine,
julia-teine.de

holzerarchitekten
Thilo Holzer
Am Oberen Berg 23
70597 Stuttgart
holzerarchitekten.de
Haus R13 in Gerlingen (S. 202)
Mitarbeit: Katrin Holzer
Fotos: Zooey Braun Fotografie,
zooeybraun.de
Porträt: holzerarchitekten

HUTCH
Craig Hutchinson
65 Neal Street
London WC2H 9PJ
Großbritannien
hutchdesign.co
Haus No.8 in Belfast / Nordirland,
Vereinigtes Königreich (S. 80)
Fotos und Porträt: Helen Cathcart,
helencathcart.com
Bestandsfotos: Peter Bruce
Photography, peterbruce.uk

Innauer-Matt Architekten ZT GmbH
Mag. Arch. Markus Innauer,
Arch. DI Sven Matt
Kriechere 70
6870 Bezau
innauer-matt.com
Umbau eines Bauernhauses in
Schwarzenberg, Österreich (S. 170)

Projektteam: Markus Innauer,
Sven Matt, David Stanzl
Fotos: Nicolas Wefers, nwefers.de
Porträt: Christian Anwander

Keßler Plescher Architekten BDA PartG mbB
Wißmannstraße 30
50823 Köln
kesslerplescher.de
Haus mit Durchblick in Köln (S. 30)
Projektteam: Katrin Julia Plescher,
Arne Keßler
Fotos und Porträt: Marie Kreibich,
mariekreibich.com

Klöpfel Zeimer Architekten PartG mbB
Mathias Klöpfel, Robert Zeimer
Kochstraße 3
10969 Berlin
kloepfelzeimer.de
Umbau Siedlerhaus Battin / Uckermark (S. 48)
Mitarbeit: Philipp Homner,
Linda Pyko
Fotos: Schnepp Renou, Berlin / Paris, schnepp-renou.com
Porträt: Archiv Architekten

KO/OK Architektur BDA
Tübingen + Leipzig
Europaplatz 25
72072 Tübingen
ko-ok.cc
Doppelscheune in Tübingen (S. 194)
Projektteam: Jan Keinath,
Fabian Onneken, Lisa Holzhauer
Fotos: Sebastian Schels, schels.net
Porträt: Thomas Bär

LVA LE DÉVÉHAT VUARNESSON ARCHITECTES
Guillaume Le Dévéhat,
Charlotte Vuarnesson
4 villa du Mont-Tonnerre
75015 Paris
Frankreich
lvarchitectes.com
La Grange im Burgund, Frankreich (S. 12)
Projektteam: Charlotte Vuarnesson,
Guillaume Le Dévéhat
Fotos S. 12/13, 15 u., 16-19:
Philippe Thibault
Fotos S. 14 o.re., 15 o.: Charles Pétillon, charlespetillon.com
Porträt: Philippe Thibault

Modersohn & Freiesleben Architekten Partnerschaft mbB
Bayernallee 47
14052 Berlin
mofrei.de
Dachumbau in Berlin-Wilmersdorf (S. 186)
Mitarbeit: Kerstin Anke, Nils Oehler
Fotos S. 186, 187, 189 u., 190 o.re.:
Sebastian Schels, schels.net
Fotos S. 188, 189 o., 190 o.li. und u.re., 191 und Porträt: Modersohn & Freiesleben

MOSER UND HAGER Architekten ZT GmbH
Staatlich befugte und beeidigte Ziviltechniker
DI Michael Hager, Arch. MMAG
Anna Moser
Marktplatz 9
4501 Neuhofen / Krems
Österreich
moserundhager.at
Hof Thann im Bezirk Steyr-Land, Österreich (S. 114)
und
Dirnbergergut im Bezirk Perg, Österreich (S. 250)
Mitarbeit: Barbara Friesenecker, MA
Fotos und Porträt: Gregor Graf,
gregorgraf.net

BÜRO MÜHLBAUER
Auenstraße 20
85051 Ingolstadt
instagram.com/bueromuehlbauer
Thürwachterhaus in Ingolstadt (S. 210)
Projektteam: Raphael Berger,
Carmen Dieterich, Hasan Ahmed Koca, Alexander Mühlbauer,
Andreas Josef Mühlbauer BDA,
Andreas Mühlbauer, Lukas Westner
Fotos: Ralph Feiner,
feinerfotografie.ch
Porträt: Seyma Keles

MWArchitekten
Architekt Dipl. Ing.
Lukas Peter Mähr, ZT
Marktstraße 48
6845 Hohenems
Österreich
mwarchitekten.at
Vom Ein- zum Zweifamilienhaus in Feldkirch, Österreich (S. 122)
Fotos: Dominic Kummer,
dominic-kummer.com
Porträt: MWArchitekten

Stefano Riva Architetto
Rua Prof. Sousa da Câmara 166
1070 – 036 Lissabon
Portugal
stefanoriva.net
Casa Jerónimo in Resende, Portugal (S. 162)
Architektur: Stefano Riva,
Mitarbeit: Omar Sala, Daniela Marques, Yasmine Tanouti, Aurora Mason; Jorge Gomes (Ingenieur)
Fotos: Attilio Fiumarella,
attiliofiumarella.com
Porträt: Archiv Architekt

Raúl Sánchez Architects
calle Pujades 152, bajos
08005 Barcelona
Spanien
raulsanchezarchitects.com
Haus BSP 20 in Barcelona, Spanien (S. 38)
Mitarbeit: Valentina Barberio,
Paolo Burattini (Architektur);
Diagonal Arquitectura (Statik),
Marés ingenieros
Fotos: José Hevia, josehevia.es
Porträt: David Zarzoso

STUDIO LOES
Lizama Özdemir Specks
Architekten Partnerschaft mbB
Kreuzbergstraße 37
10965 Berlin
studio-loes.com
Haus Dubro in Berlin-Zehlendorf (S. 72)
Mitarbeit: Max Kellermann
Fotos: Erman Aksoy,
ermanaksoy.com
Porträt: Kadir Çelik

BUERO WAGNER
Prof. Fabian A. Wagner
Freier Architekt BDA DWB
Zugspitzstraße 18
82211 Breitbrunn a. Ammersee
buerowagner.eu
Haus am Wörthsee / Oberbayern (S. 98)
Mitarbeit: Edwin Hoffmann
Foto S. 98: Sabine Bungert,
sabinebungert.de
Fotos S. 99, 101-103:
Kim Fohmann, kimfohmann.de
Porträt: Florian Generotzky

Fotos S. 7: Enver Hirsch, Hamburg, enverhirsch.com

Alle abgebildeten Pläne sowie die Bestandsfotos stammen – soweit nicht anders vermerkt – von den jeweiligen Architektinnen und Architekten. Die Plangrafik wurde der leichteren Verständlichkeit halber vereinfacht: Bestehende Bauteile sind schwarz, neu hinzugekommene oder veränderte Bauteile sind grau dargestellt.

Weitere Titel zum HÄUSER-Award

Bettina Hintze
Einfach gute Häuser
978-3-7913-9360-5

Bettina Hintze
Häuser mit Zukunft
Individuell, flexibel, nachhaltig
978-3-7913-8029-2

Bettina Hintze
Häuser fürs Leben
Individuell, nachhaltig, zukunftsfähig
978-3-7913-8917-2

Bettina Hintze
Umgebaute Häuser
Nachhaltig, zukunftsfähig, wandelbar
978-3-7913-8827-4

DIE AUTORIN

Bettina Hintze ist Architektin und lebt in München. Nach mehreren Jahren Büropraxis arbeitet sie heute als freie Autorin und schreibt über Architektur, Bauen und Wohnen in Zeitschriften und Büchern. Sie hat zahlreiche Titel zum Thema Einfamilienhausbau veröffentlicht.

© Daniel Noha

IMPRESSUM

Dieses Buch ist in Zusammenarbeit mit dem internationalen Architekturmagazin HÄUSER entstanden und bildet die Ergebnisse des HÄUSER-Awards 2026 ab. HÄUSER ist ein geschütztes Kennzeichen der Gruner + Jahr Deutschland GmbH. Alle Rechte vorbehalten.

Foto Umschlagvorderseite: Schnepp Renou, Berlin / Paris
Fotos Umschlagrückseite: Philippe Thibault (oben), Helen Cathcart (links unten), Ralph Feiner (Mitte unten), Julia Teine (rechts unten)
Frontispiz: Giorgos Sfakianakis

1. Auflage

in der Penguin Random House Verlagsgruppe GmbH
Neumarkter Straße 28, 81673 München
produktsicherheit@penguinrandomhouse.de
(Vorstehende Angaben sind zugleich Pflichtinformationen nach GPSR)

Projektleitung: Sabine Schmid
Lektorat: Claudia Fuchs, München
Bildredaktion: Visual Experts – Interfoto, München
Einbandgestaltung: Sofarobotnik, Augsburg/München
Gestaltung: Katrin Kleinschrot, Stuttgart
Herstellung: Martina Effaga
Lithografie: Schnieber Graphik GmbH, Putzbrunn
Druck und Bindung: Grafisches Zentrum Cuno GmbH & Co. KG, Calbe

ISBN 978-3-7913-9418-3

www.prestel.de